国际时装设计经典系列丛书

New Fashion Designer's Sketchbooks

国际时装设计师调研手册集锦

（美）瑟瑞达·瑟蒙 著

邵新艳 译

東華大學出版社 ·上海·

RUTH ASAWA
-Woven Sculptures-
EGGS
in detail

New Fashion Designers' Sketchbooks

图书在版编目（CIP）数据

国际时装设计师调研手册集锦/（美）瑟蒙著；邵新艳译.—上海：东华大学出版社，2015.3

ISBN 978-7-5669-0704-2

Ⅰ.①国… Ⅱ.①瑟… ②邵… Ⅲ.①时装－服装设计－手册 Ⅳ.①TS941.2-62

中国版本图书馆CIP数据核字（2015）第009665号

合同登记号：09-2014-654

责任编辑　谢 未

装帧设计　王 丽

国际时装设计师调研手册集锦

Guoji Shizhuang Shejishi Diaoyan Shouce Jijin

著　者：（美）瑟瑞达·瑟蒙

译　者：邵新艳

出　版：东华大学出版社

（上海市延安西路1882号　邮政编码：200051）

出版社网址：http://www.dhupress.net

天猫旗舰店：http://dhdx.tmall.com

营销中心：021-62193056　62373056　62379558

印　刷：上海利丰雅高印刷有限公司

开　本：889 mm×1194 mm　1/20

印　张：8

字　数：282千字

版　次：2015年3月第1版

印　次：2015年3月第1次印刷

书　号：ISBN 978-7-5669-0704-2/TS·577

定　价：49.00元

目录

序

对于服装设计专业中想要积极进取的学生来说，瑟瑞达 · 瑟蒙写的这本关于创意速写本在服装设计过程中的作用的书，其实用价值不可估量。书中记录了速写本中所呈现的不同灵感源及后续独具个性的创意拓展过程，展现了如何进行创造性地思考和设计服装，使创意速写本的重要性更加直观。创意速写本使设计师积累了大量对他们整个职业生涯都很重要的参考素材。创意速写本让设计师和材料及色彩之间似在进行一场关于激发他们灵感的素材的即时对话。正是这种实验，在一本个人的、而且往往是私密的记录本里，设计师可以实验和拓展他们的想法，形成他们独特的视角，最终成为新设计的基础。瑟瑞达的书中关于设计师的创意记录的内容非常实用，书中展示了如何制作或者应该怎样制作多种多样、具有个性特征的创意速写本。我希望这本书能够给有兴趣从事服装行业的人以启迪，使他们能选用更广泛的原材料、色彩、技术和创意进行试验。

伦敦时装学院院长

荣誉教授 弗朗西斯 · 科乐

TRADITIONAL
BorderLines

前 言

写这本书的想法源于一天我在上课的时候，发现除了以前学生的作业，没有东西能展示给学生看，以告诉他们如何做调研笔记。正是从那时起，我意识到需要有东西能记录下这样的调研过程，并能和全世界的年轻设计师们分享。

无论设计一把椅子、一辆汽车或是一条裙子，用创意速写本工作的过程是通用的和永恒的。在教学中，我常与学生探讨调研的重要性。最终，他们认为没有调研过程就没有新的创意。

我经常发现调研是所有项目中最令人激动的部分。那是你学习、发现和成长的过程。在创意速写本中收集素材和调研的自由使你能够探索到意想不到的创意，并不受限制与约束。

当我还是一名学生时，我发现在创意速写本中搞创作与我过去习惯的工作方法有极大的区别。我不得不学习当今的新东西，而不是通过写作来展示我的知识。我不得不学会如何将我的想法和创意视觉化。突然，一切都显现了，我的创意无处可藏。经过无数的努力和失败，我最终习惯于用这种方式工作，这样的感觉非常完美，过去的工作方式一去不返。

在那段时间里，我成了一名囤积者。我保留下所有的东西，包括色彩鲜艳的糖纸、随意的面料小样、形形色色的明信片等。我不知道我为什么保存这些杂乱的东西，我只知道也许有一天，创意速写本中的某一页会用到它。而我也确实有一天用到了。后来很多用这种方式做的创意速写本最终使我在开发理念和设计服装时找到了自己的声音。创意速写本中记录的想法也许永远也不会被人看到，但却是设计师的财富。

多年以来，我发现创意过程永不停歇。总有很多要学的、要看的、要发现的、要提出观点的。这是永无休止的过程。

在这本书里，我已尽力记录调研的过程，从最初的创意到服装或配饰的设计理念。对于不同的人，这个过程也会有所不同。没有对或错，只是一个关于“现在你走哪条路”的问题。

Daniela

瑟瑞达·瑟蒙

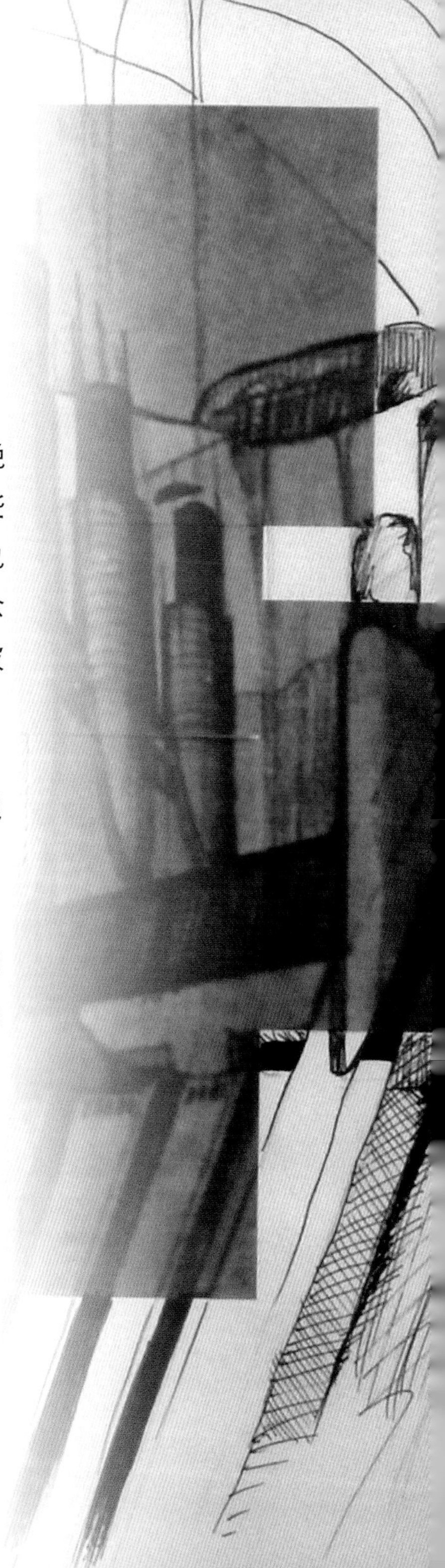

劳拉·法耶·阿西 Laura Fay Eathey 劳拉的灵感调研过程是通过绘画记录或者演绎其所见。她的创意笔记是一本能够追溯她的想法的视觉日记。这个过程以深思熟虑和自然的方式呈现，其他艺术家作品中的文字参考素材帮助她拓展理念，并为她在女性人台上的创作提供灵感。

stel la
mc cartney
spring
2011

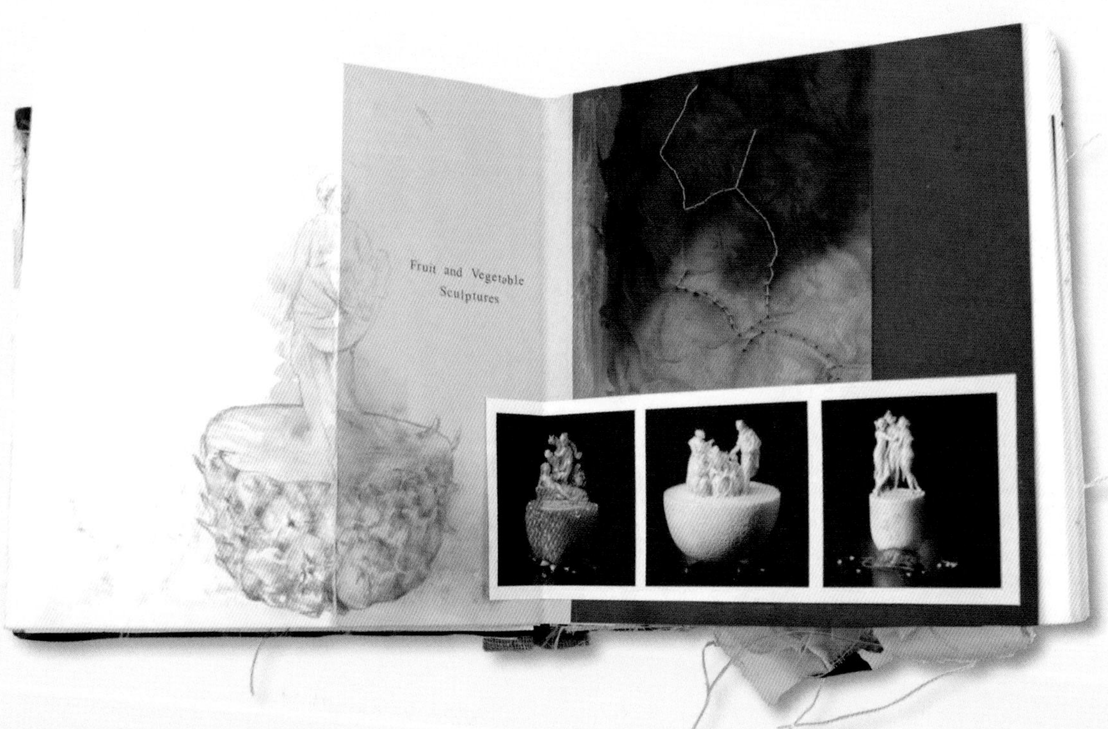
Fruit and Vegetable
Sculptures

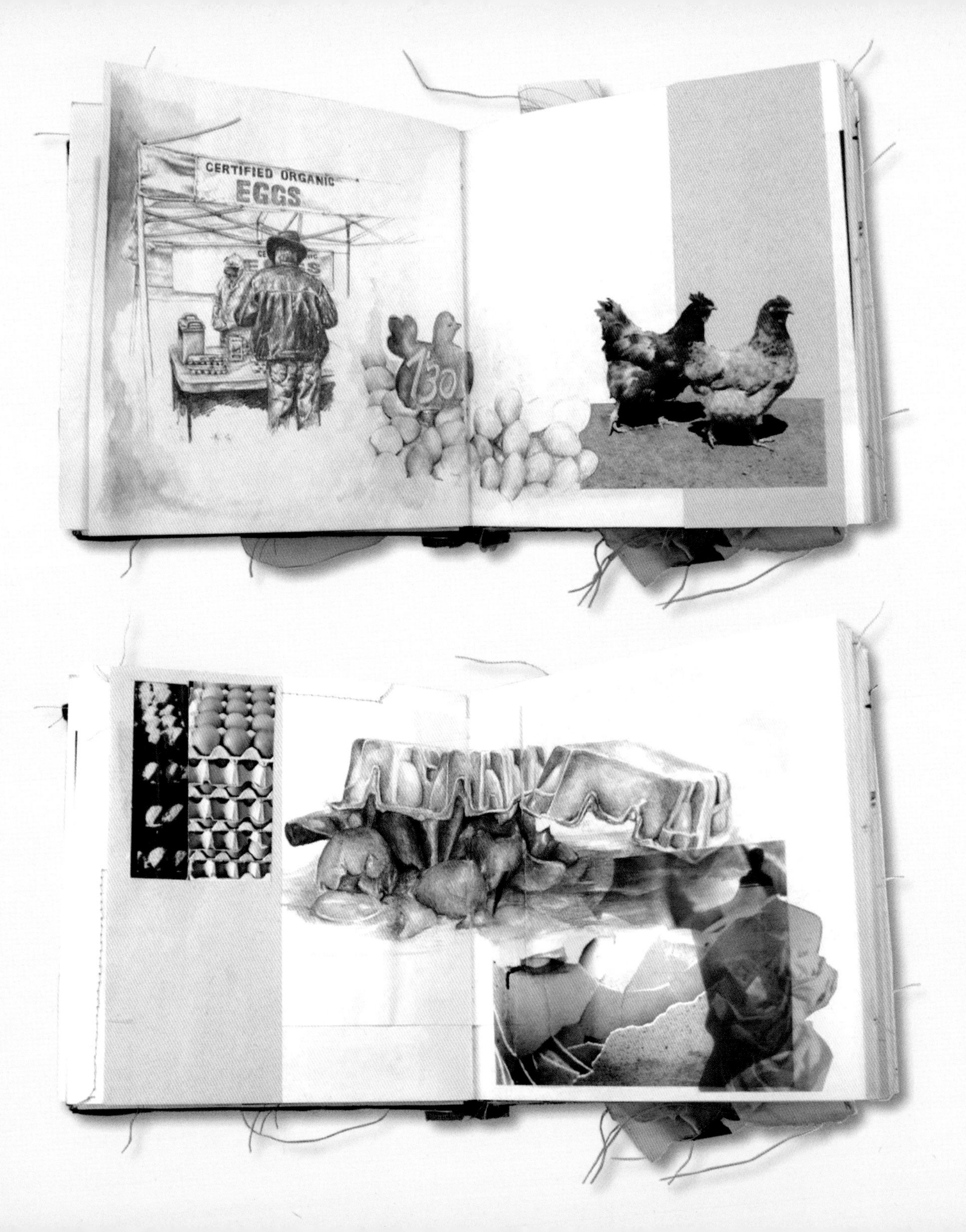
CERTIFIED ORGANIC
EGGS

<<对我来说，调研过程非常重要，因为它让我的创造性想法通过绘画留存下来。没有这个过程，设计对我来说毫无意义。>>

马德琳·艾尔丝 Madelein Eayres

马德琳无论走到哪儿，都会带着她的创意速写本，用画或文字记录给予她灵感的任何事物。绘画和文字是她设计开发阶段的核心部分。她首先用多种手段详细阐述她的创意，如3D虚拟试验、视觉表象、讲故事等。她喜欢在定稿前尝试所有的可能性。

2/5/10
Coat
the 'well im completely & utterly ****** dress.
Back
Whose sleeve detail
distressed fabric seam
Less complicated detail
the "You don't want me? then I don't want you then" coat.

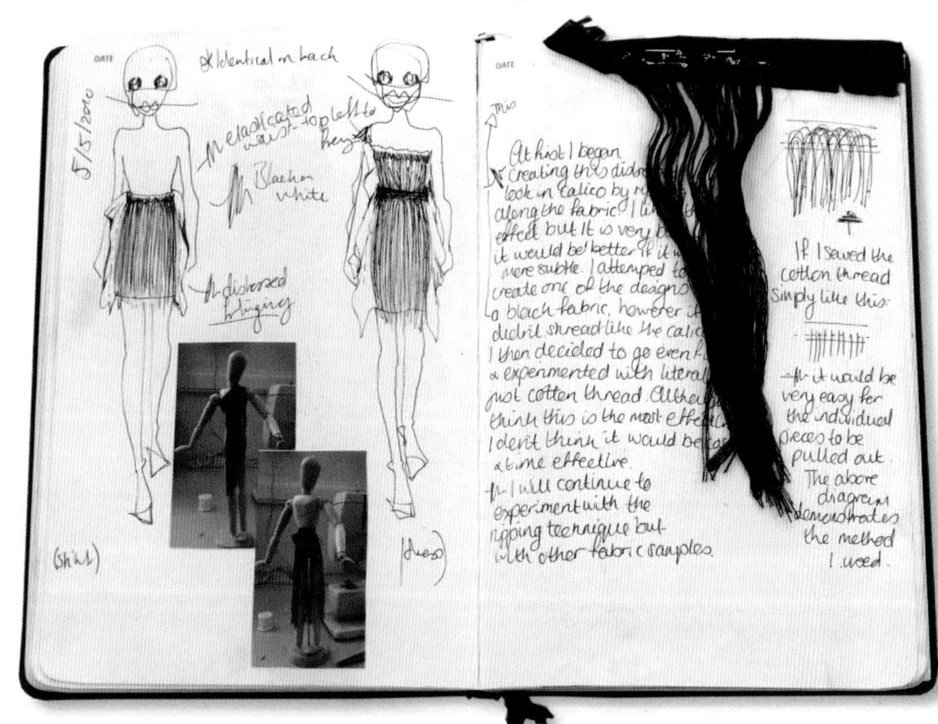
5/5/2010
Identical on back
elasticated waist-top left to hang
Black on white
distressed fringing
(shirt)
(dress)
This
At first I began
creating this distre
look in Calico by r
along the fabric. I li
effect but it is very
it would be better if it
more subtle. I attemped to
create one of the designs
a black fabric, however it
didn't shread like the calic
I then decided to go even f
& experimented with literall
just cotton thread. Althou
think this is the most effec
I don't think it would be
a time effective.
I will continue to
experiment with the
ripping technique but
with other fabric samples.
If I sewed the
cotton thread
simply like this:
it would be
very easy for
the individual
pieces to be
pulled out.
The above
diagram
demonstrates
the method
I used.

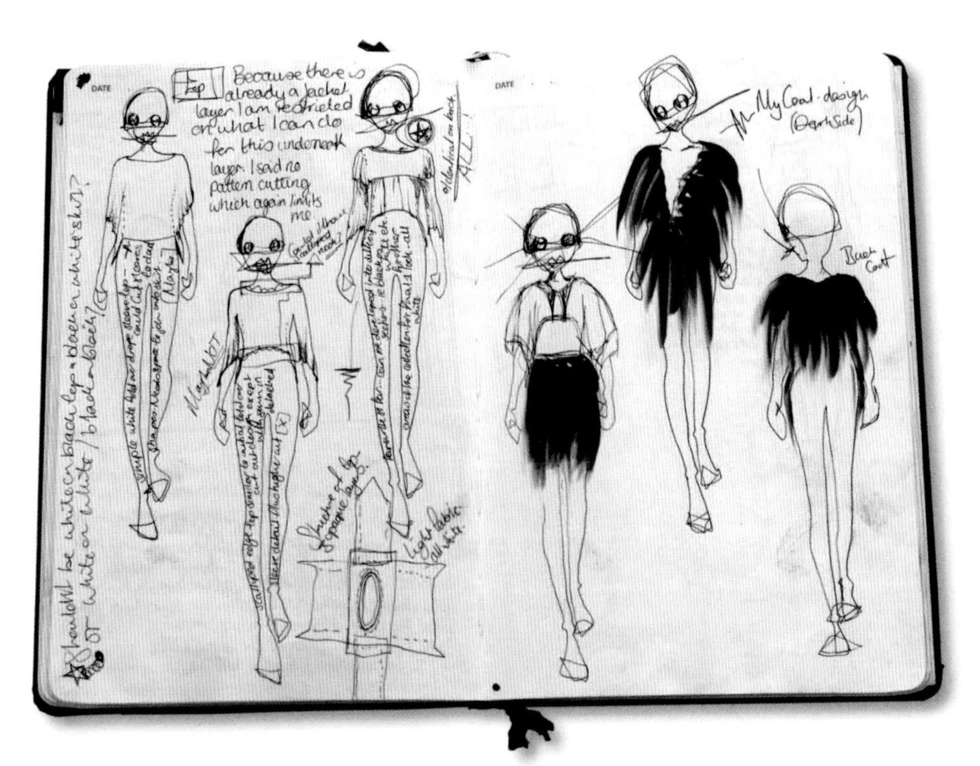
Because there is already a jacket layer I am restricted on what I can do for this underneath layer. I said no pattern cutting which again limits me
My Coat design (Dark Side)
Black Coat
Light fabric all white

Black Chiffon 4m £8.00
Black Nylon 2m £4.00
White Chiffon 4m £8.00
White Nylon 2m £4.00
A White Cotton? - go with Chiffon 4m? £8.00
Black Cotton thread
White Cotton thread
(White-Black belt)
Monday - Finish Coat
① - Put together with dress
Tuesday - Sew on Sleeve detail ②
- Make Skirt
Thursday - Finish off everything
Friday - Finish / Work on 50 full design sketches into design book
W/C 24th/5 - Final illustrations/ evaluations/ labels/ catwalk decs.

DATE
1
This dress is basically a development of the draped dress I used in the initial research for the dark.
There is a concealed zip inside the sleeve which allows the wearer to get in & out, and it is pulled tight around either side & attached once on. It is very conceptual & a one off. It needs to be specially fitted to the wearer each time & would be classed as evening wear.
Styling tip: Could wear either a slip dress/body underneath but it is not really necessary.
It is look number 1 on the dark side & requires no accessories. Dark make-up, loose bed-head messy hair & bare feet.

DATE

<< 调研的内容越多， 我发现的东西就越多，我会更加博识，我的设计更具个性。调研的过程是一个旅程，我喜欢学习新的东西。>>

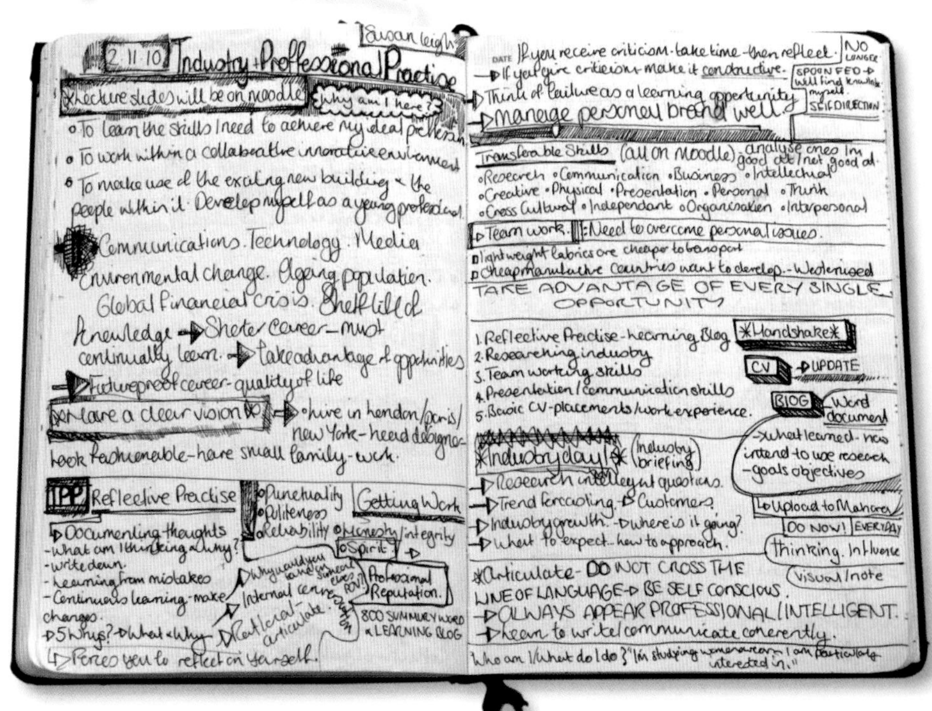

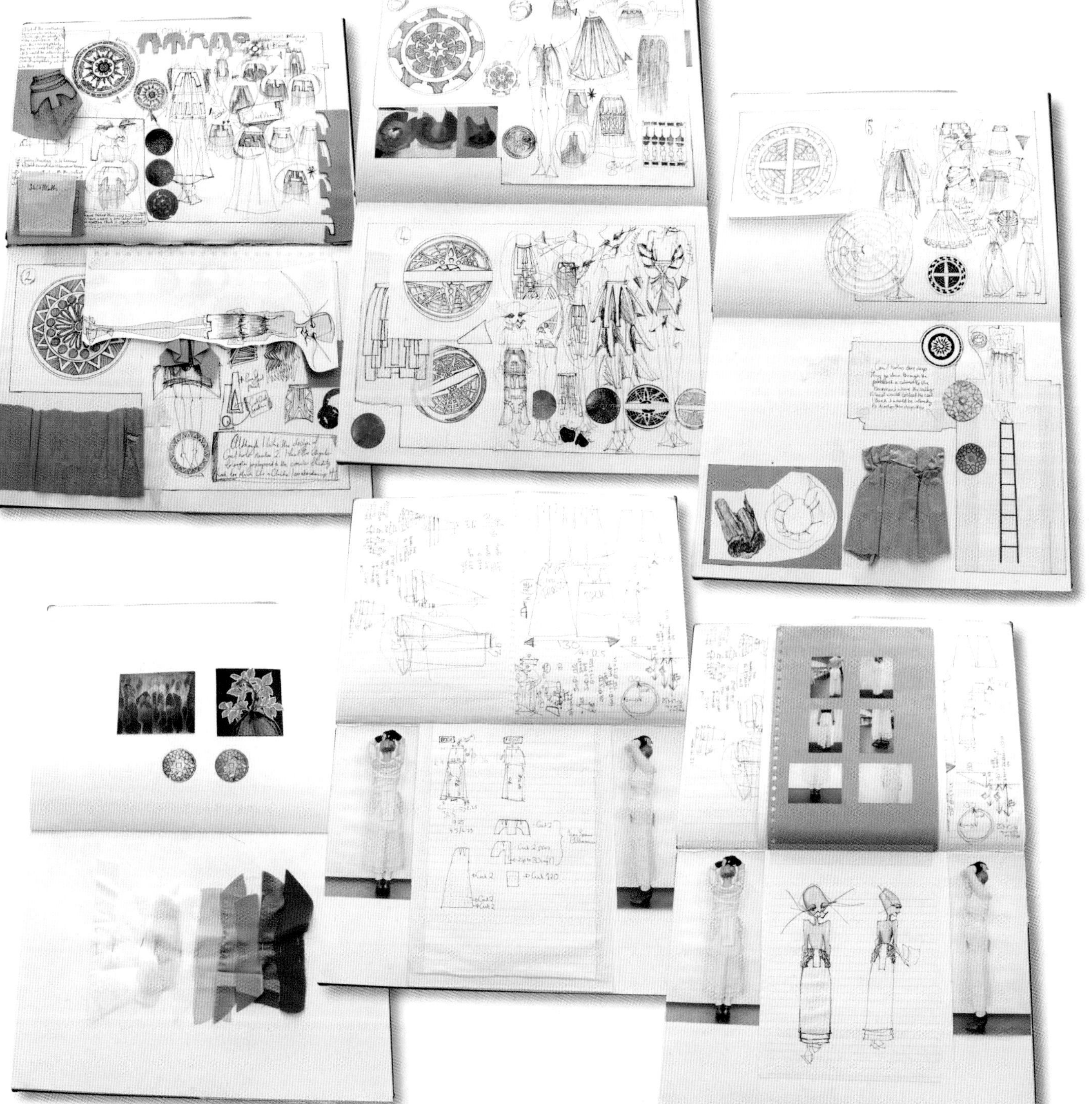

汉普斯·柏根 Hampus Berggen 汉普斯的设计灵感通常取自实用的服装和配件，并把两者结合起来设计可穿性强且具有功能性的服装。他的调研深入到传统元素中，并用现代感的设计进行诠释。

parachute.

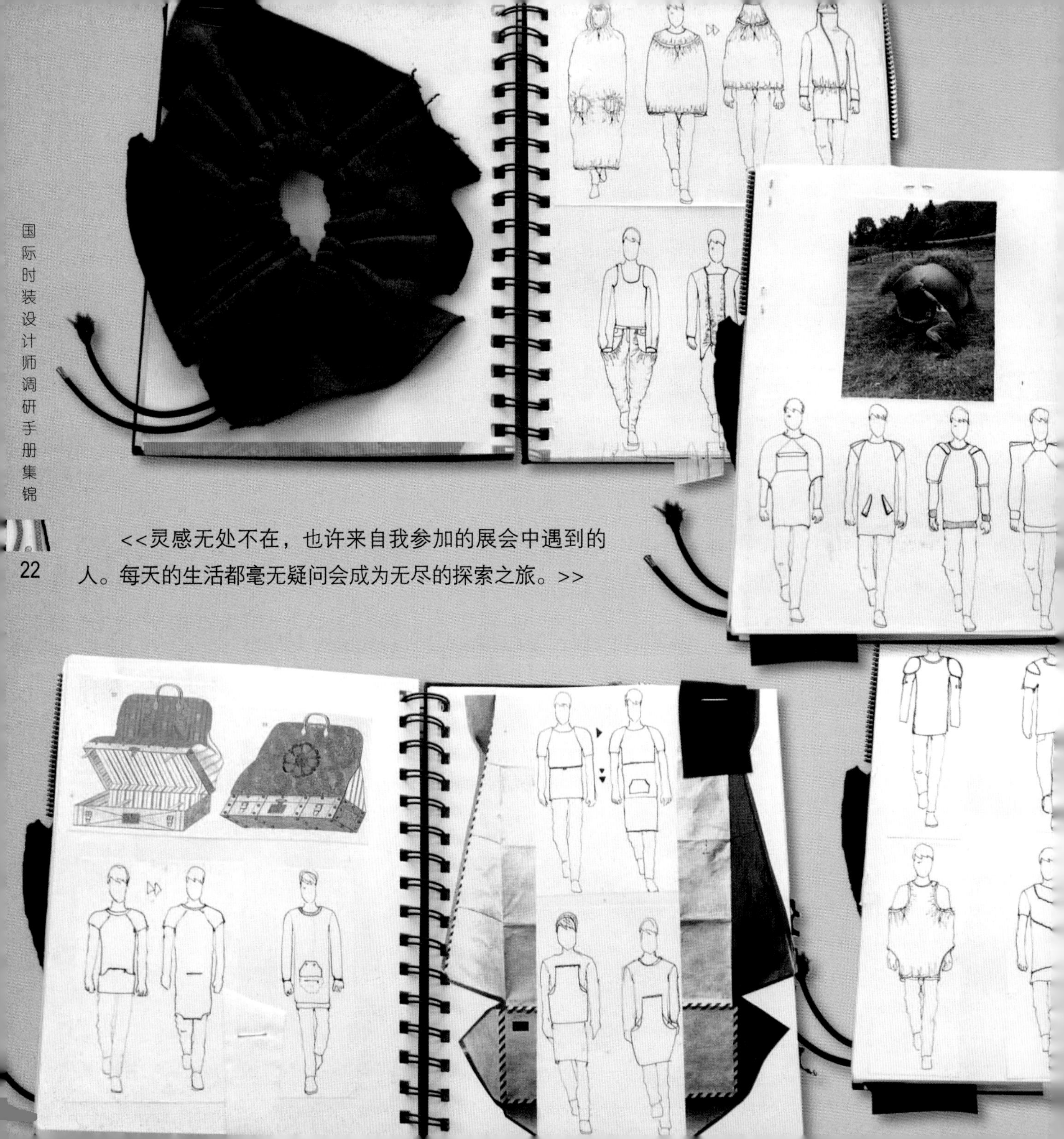

<<灵感无处不在，也许来自我参加的展会中遇到的人。每天的生活都毫无疑问会成为无尽的探索之旅。>>

bag
worn
on arm

SOFT, FLUFFY CLOUDS,
BUT REPRESENTED IN
STONE & STRUCTURED.

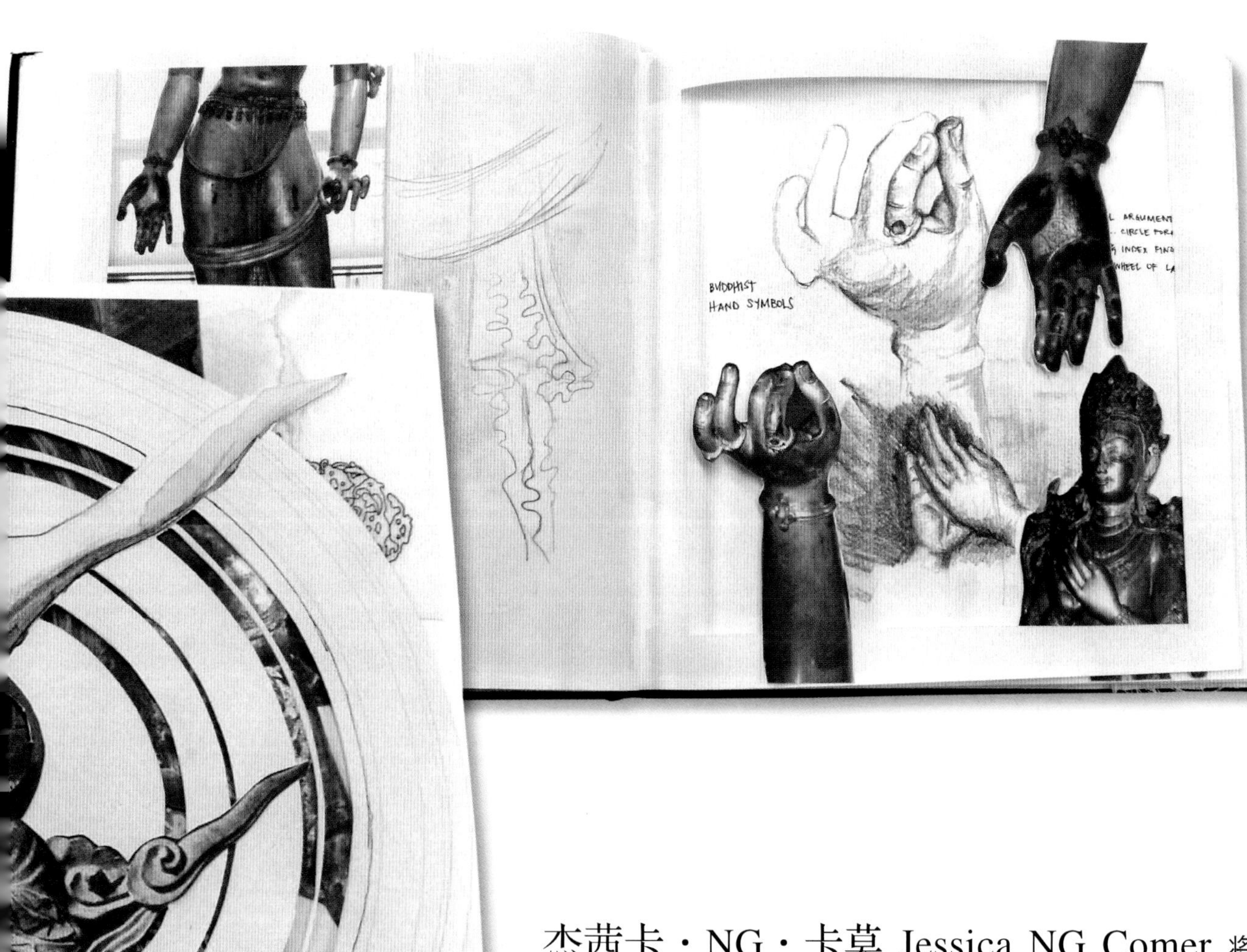

杰茜卡·NG·卡莫 Jessica NG Comer 将服装的细节作为灵感来源。缠绕的概念受现代雕塑的影响，形成了独特的文化碰撞。杰茜卡喜欢打破常规，热衷于把两种对立的事物结合在一起做研究，从而得到非同寻常的结果。

SHAOLIN MONKS.
FABRIC IN MOTION.

teal glaze
eggplant
sunshine yellow
electric blue
DIFF. PANELS OF LAYERED FABRIC APPEARS DRAPED.
BRITISH MUSEUM
- STONEWARE FROM JUDGEMENT GROUP
- MING DYNASTY 16th c. AD
- ONE OF THE JUDGES OF HELL HOLDING SCROLL OF GOOD DEEDS.
CONICAL SHAPE

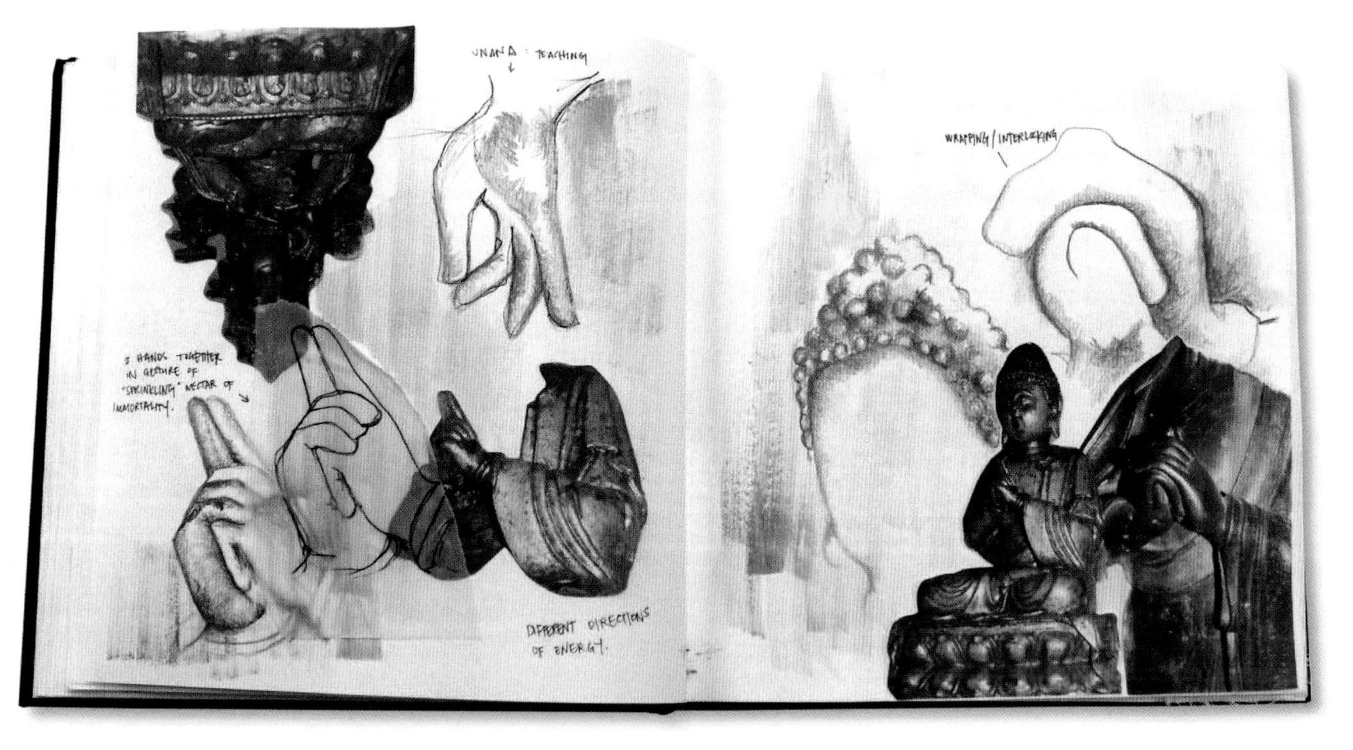
TEACHING
2 HANDS TOGETHER IN GESTURE OF "SPRINKLING" NECTAR OF IMMORTALITY.
DIFFERENT DIRECTIONS OF ENERGY.
WRAPPING / INTERLOCKING

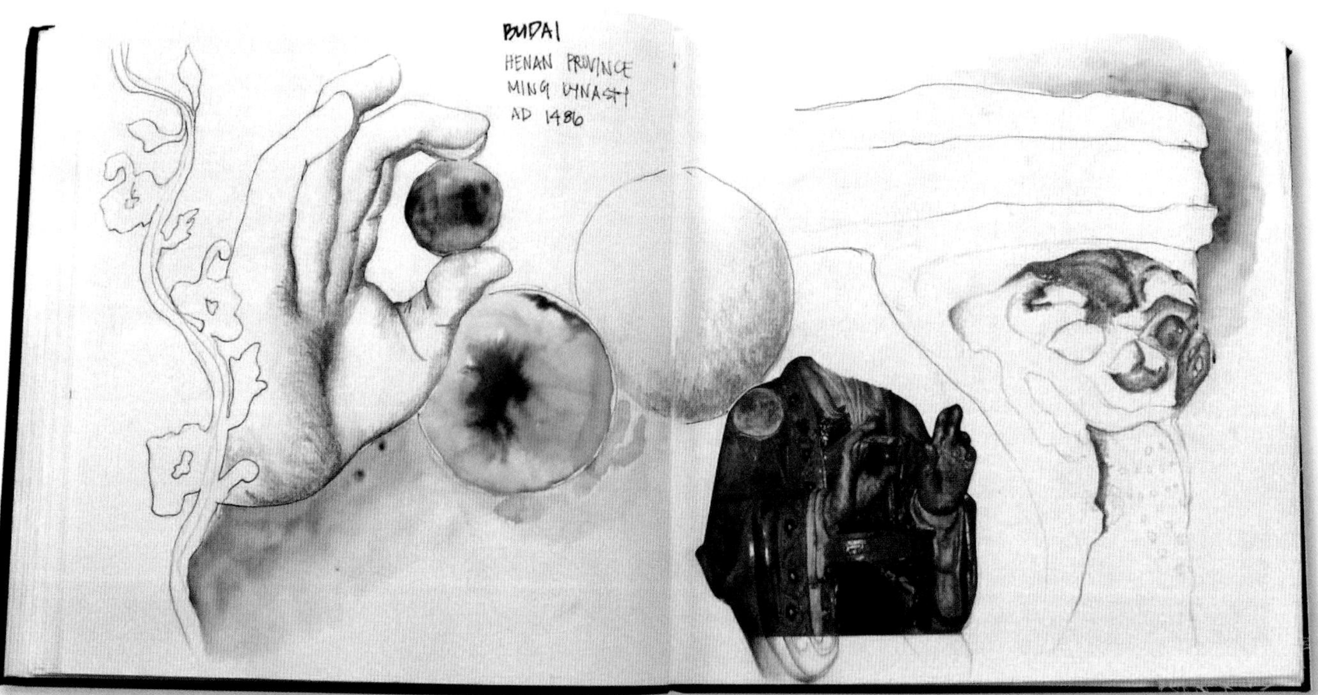
BUDAI
HENAN PROVINCE
MING DYNASTY
AD 1486

ERIKO
HORIKI
JAMES MEAKIN

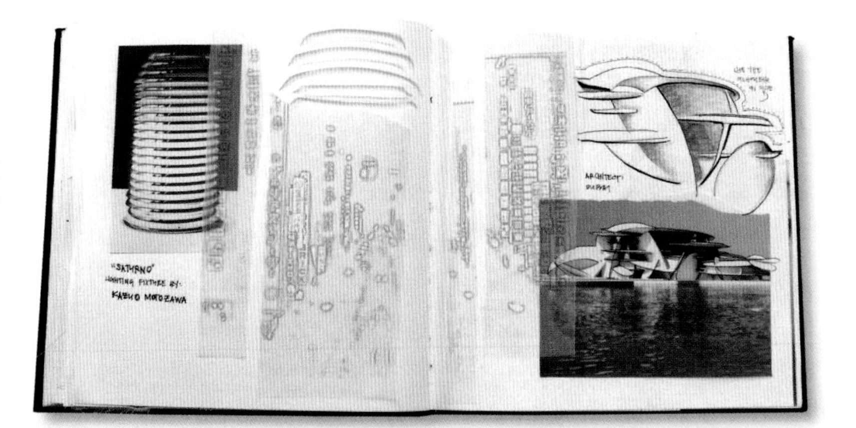
"SATURNO"
LIGHTING FIXTURE BY:
KAZUO MOTOZAWA
ARCHITECT:

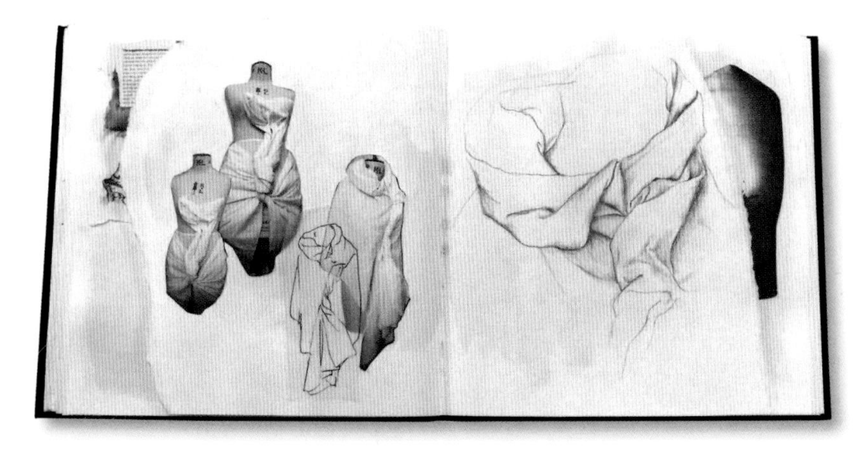

<<我打破常规，从非传统的美上获取灵感。这帮我创造了一些非同寻常的设计。>>

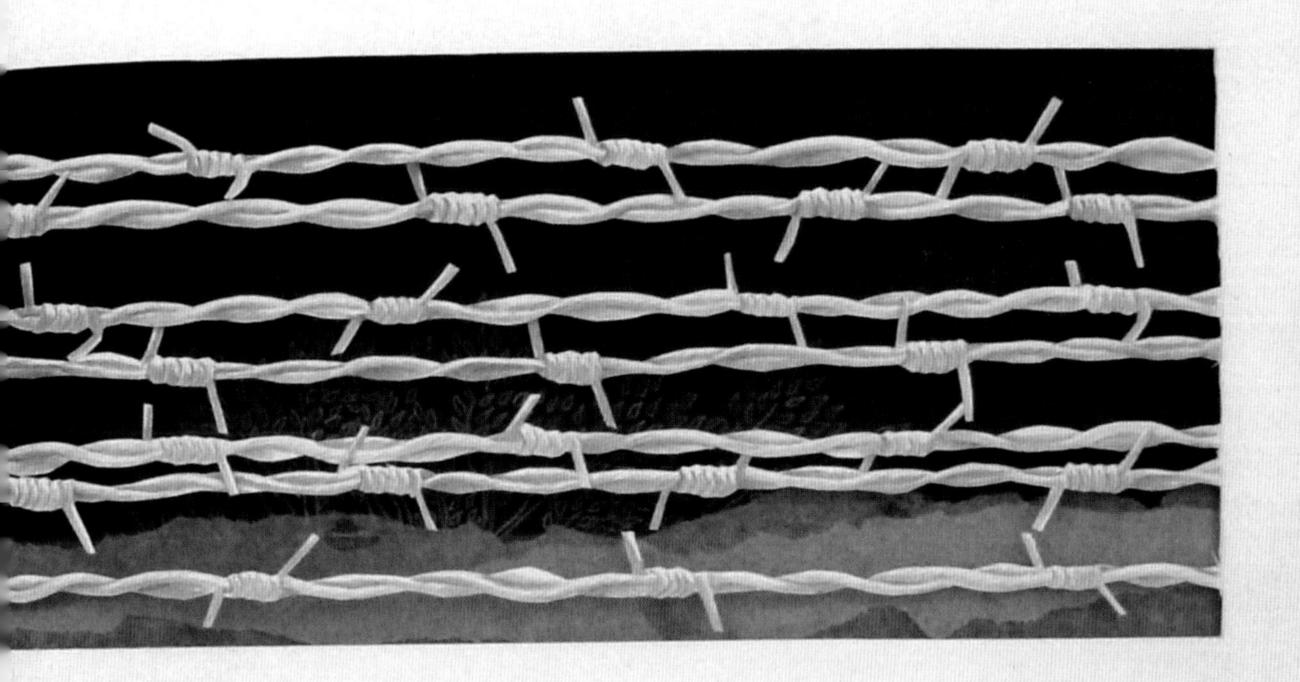

沙布南斯·拉姆·伯尔奇 Shabnames Lam Bolchi 不同的视角可以作为不同服装的设计主题。沙布南斯的设计调研深入到历史资料和事件的图片中，成为她设计的灵感源。

YOUR WAR
OUR LIVES
NO TO WAR

THE GENEVA
CONVENTION

NISH KAPOOR

<<有时所选主题可能是个挑战，但目标是从中提取足够多的信息，创造一个有趣的系列。>>

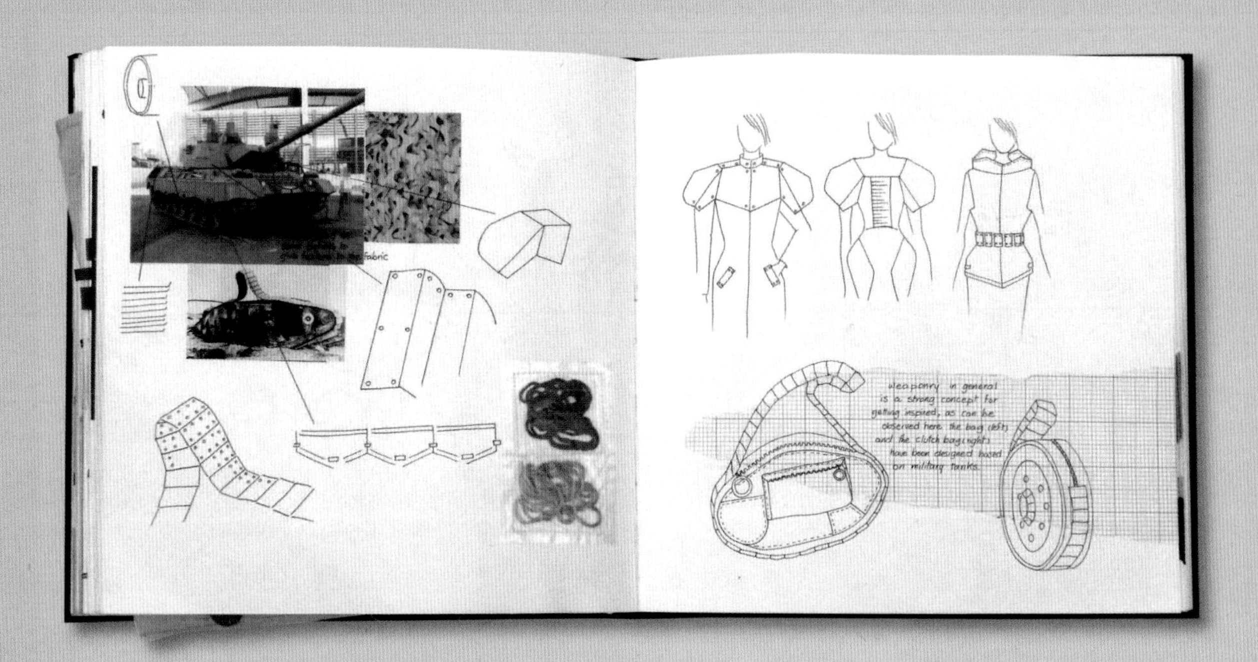
fabric
weaponry in general
is a strong concept for
getting inspired, as can be
observed here the bag (left)
and the clutch bag (right)
have been designed based
on military tanks.

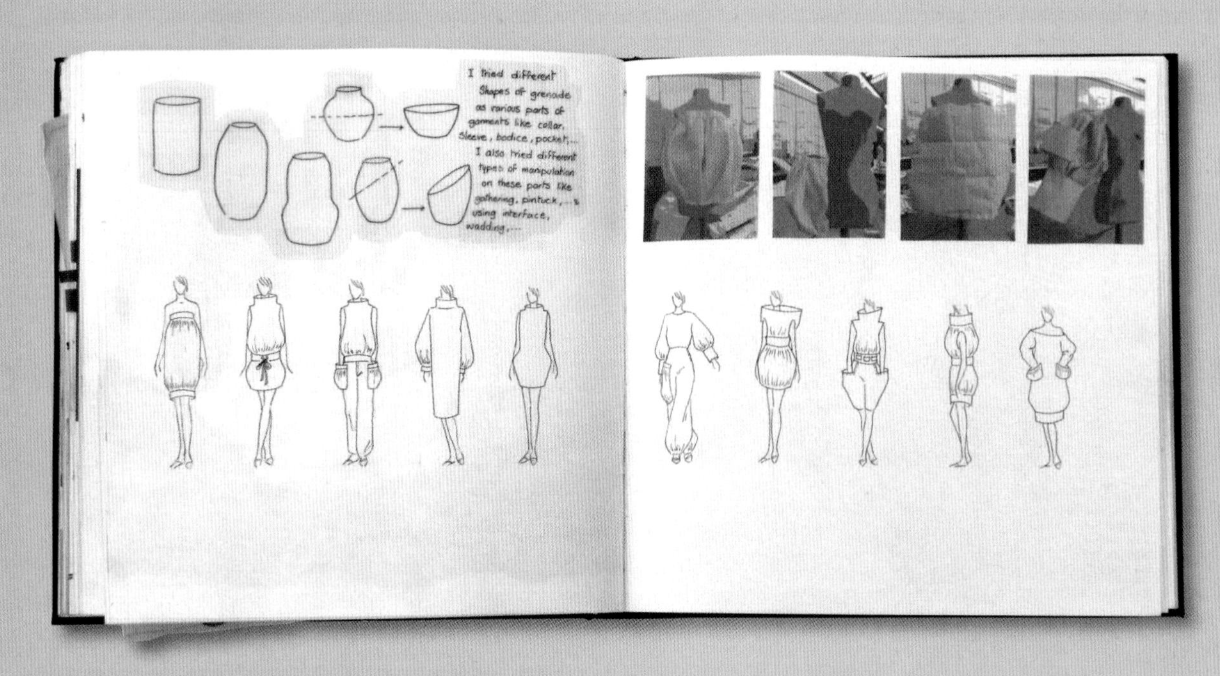
I tried different
Shapes of grenade
as various parts of
garments like collar,
Sleeve, bodice, pocket,...
I also tried different
types of manipulation
on these parts like
gathering, pintuck, ... &
using interface,
wadding, ...

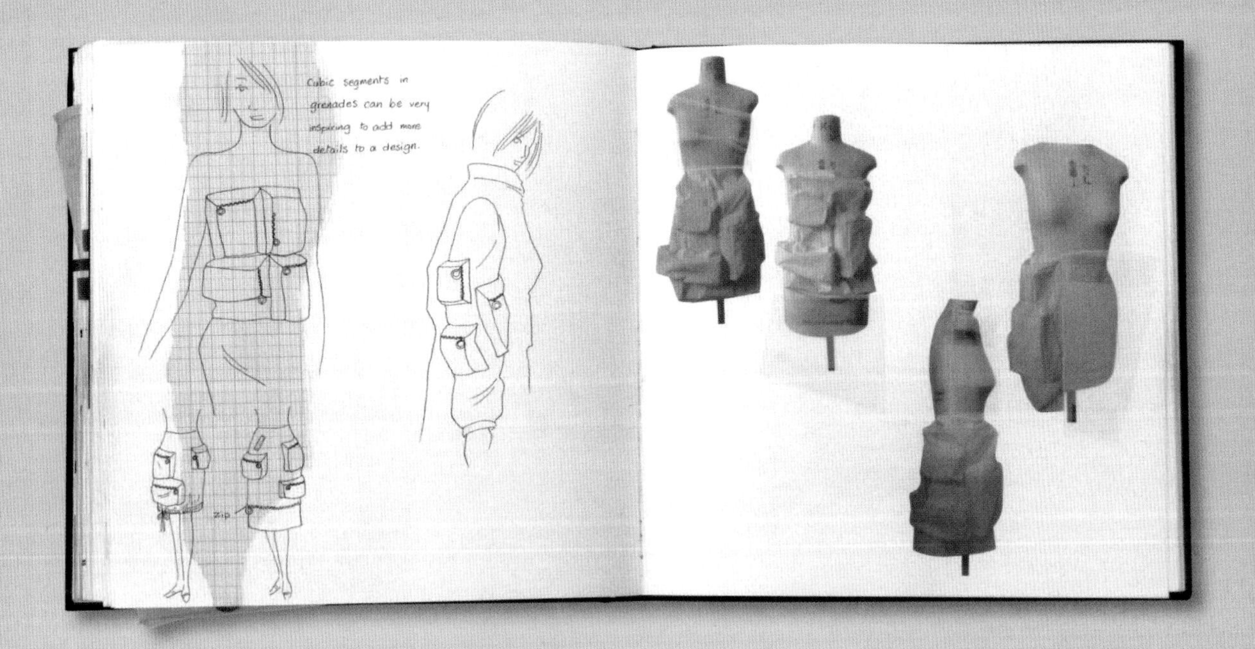
Cubic segments in
grenades can be very
inspiring to add more
details to a design.
zip

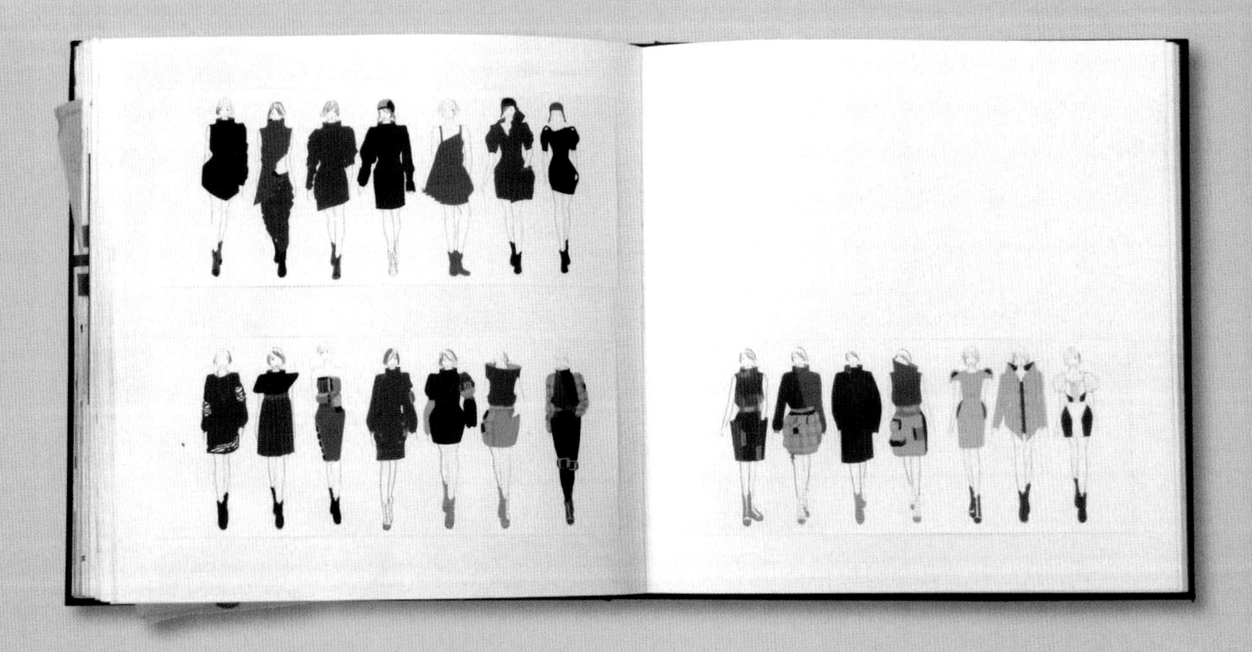

诺尔文·法利戈 Nolwenn Faligot 诺尔文运用其最初的调研来激发她对于质感、形状、体积的灵感。她在调研和设计过程中运用“情感反应”法。她的调研过程是个持续积累、演绎、验证新想法的过程。

10

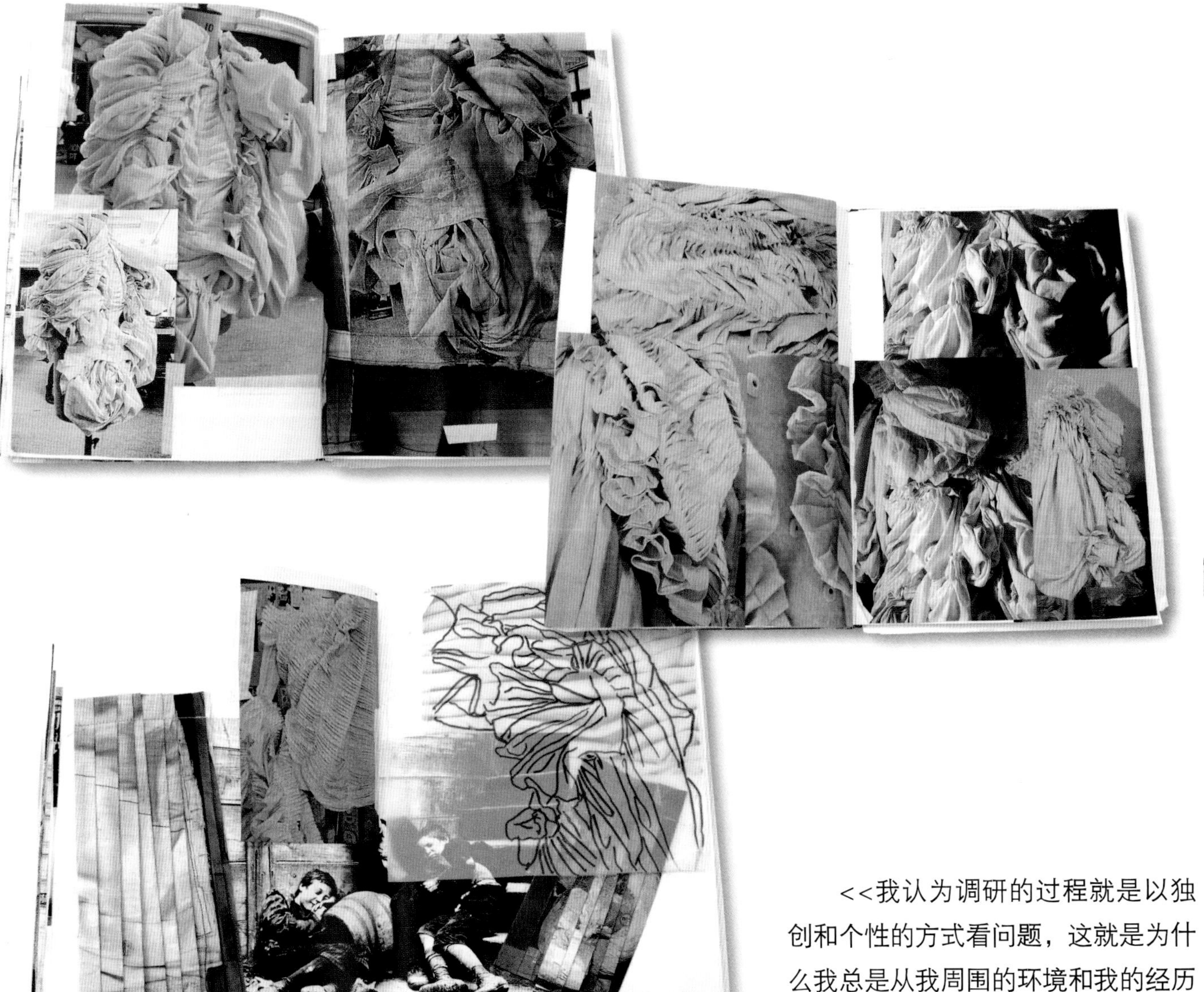

<<我认为调研的过程就是以独创和个性的方式看问题，这就是为什么我总是从我周围的环境和我的经历中获取灵感的原因。>>

付玉姬 Yuji Fu 付玉姬从建筑的细节、层次和弧线中获取设计灵感。他用图片诠释他的想法。并将他的想法在人台上做三维实验。

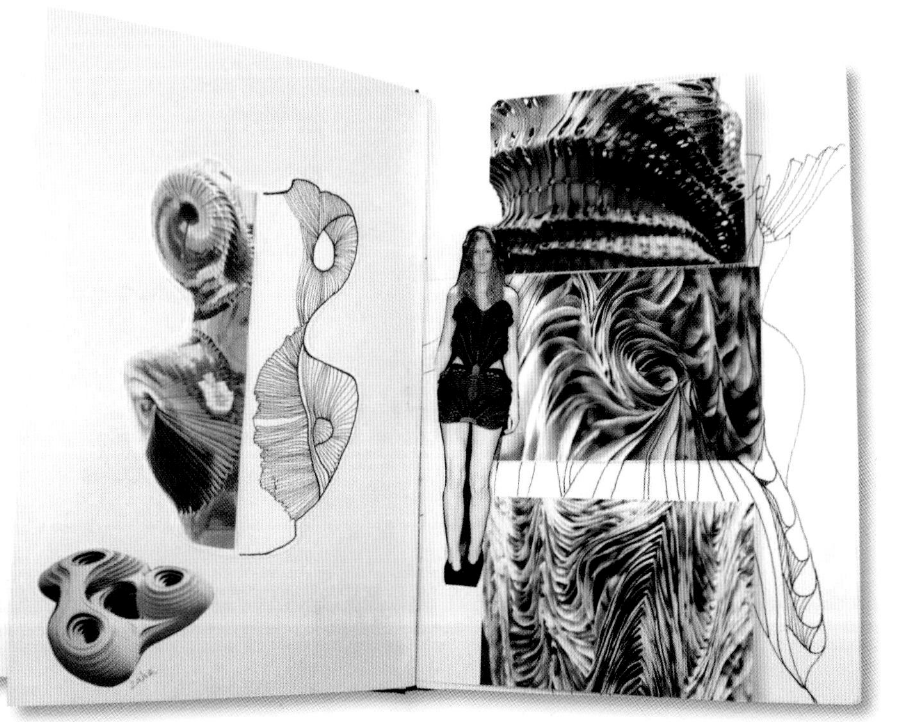

<<我希望我的设计打破常规。这个旅程开始的地方就是调研的起点，我将这一旅程引向何方取决于我。>>

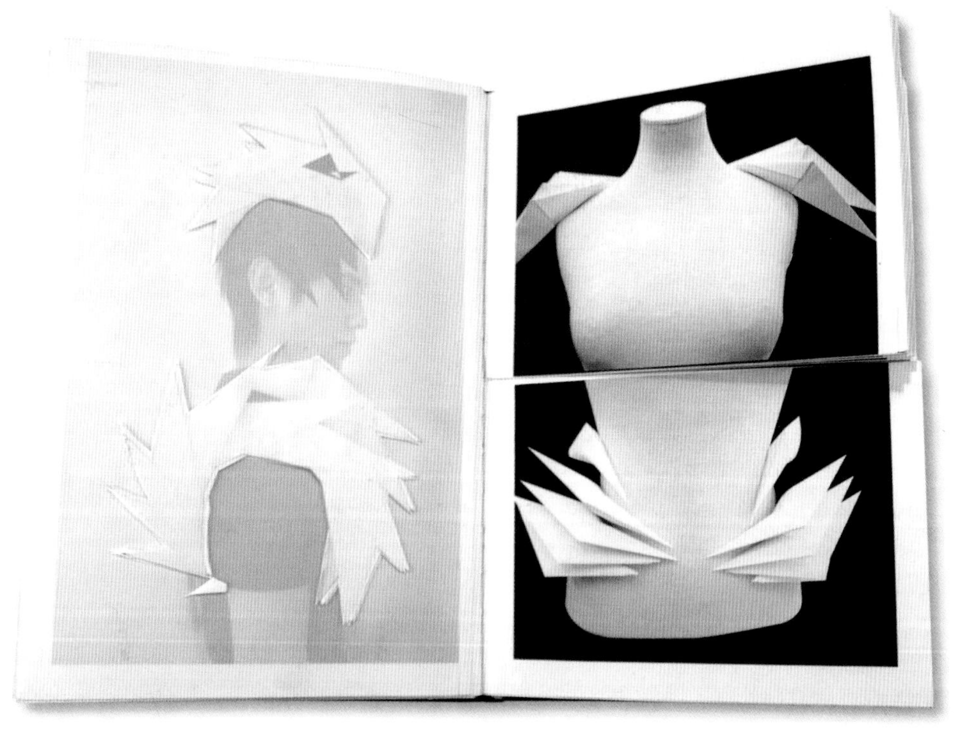

Reikawakubo/Comme des Garcons
Jun Takahashi
2006 S/S.
Yohji Yamamoto
Yohji Yamamoto
A/W
A/W
Junya Watana
be
Bei Kawakubo/Comme des Garcons

高嘉欣 Jiaxin Gao 嘉欣是一位有着独特设计风格和设计方法的设计师。她的调研过程记录了她所见到的、启发她设计灵感的一切事物。随着设计创意过程的深入并开始对设计想法进行筛选，她的理念风格继续深化。

Naoya Hatakeyama
Lambda print
Reikawakubo / commedes Garcons
A/W. 1983-84.
Rei Kawakubo / Comme des Garcons
Collection of the Kyoto Costume Institute
S/S.
Purple polyester plain-weave coat with pouches inserted at waist printed cotton and polyester twill skirt trimmed with yellow cotton and polyester plain-weave
Ivory wool knitted bodice with lacing
Taokurihara / Tao Commedes Garcons
Ivory wool knitted bra with wide cotton lace
beige wool knitted corset
ivory wool knitted shorts.
Ivory Polyester knit dress with thirty three dolls made of white cotton.
Fumito Ganryu
Kaikai Kiki
flat drawing style.

Benjamin hubert
spinning light

Charlotte Hughes-Martin
Milk Bottle Project

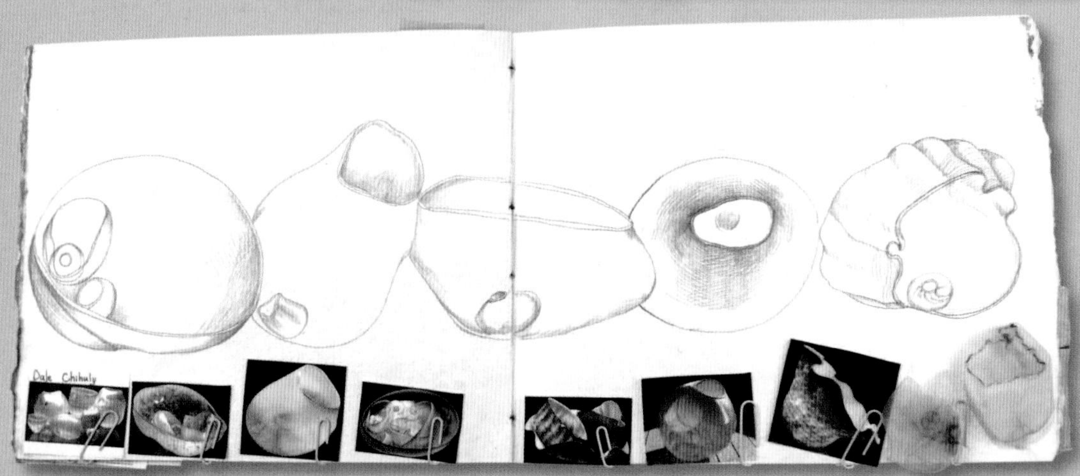
Dale Chihuly

<<设计开发的基本过程是挑战现存的事物，并发现一个新的极具自我特性的视角。>>

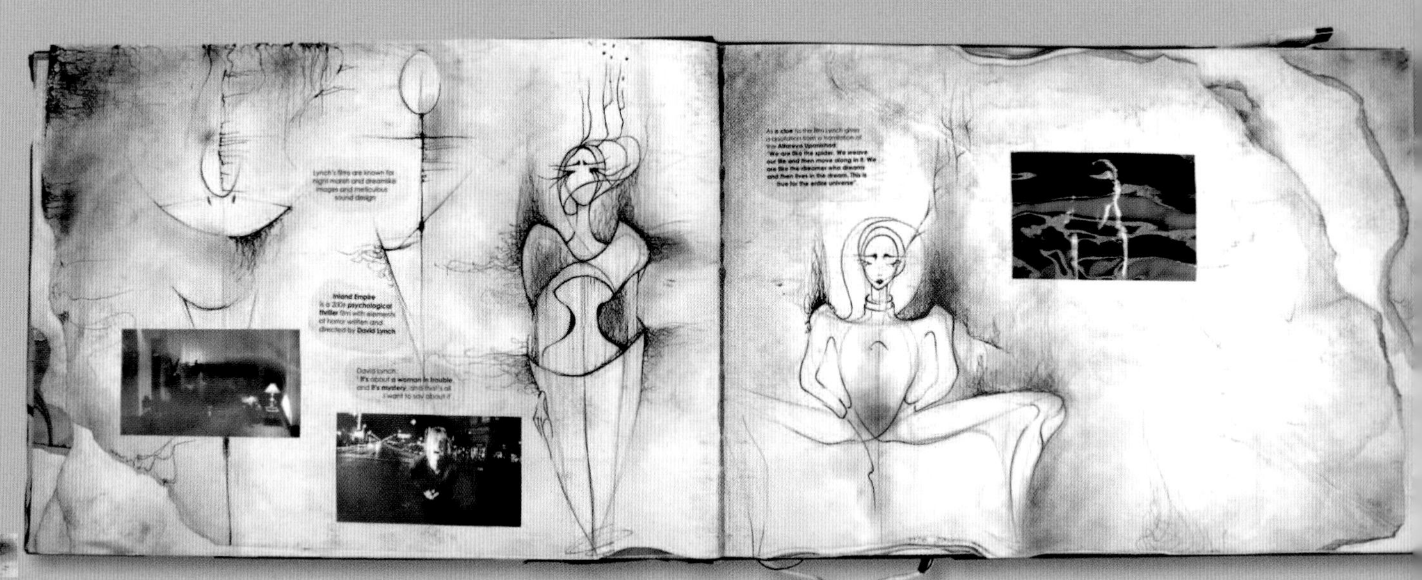
Lynch's films are known for nightmarish and dreamlike images and meticulous sound design
Inland Empire
psychological thriller film with elements of horror written and directed by David Lynch
David Lynch:
"It's about a woman in trouble and it's mystery, and that's all I want to say about it"
"We are like the spider. We weave our life and then move along in it. We are like the dreamer who dreams and then lives in the dream. This is true for the entire universe"

Emotion is a
a mental state
if we are sad → we can cry → it is a body expression → we smoke

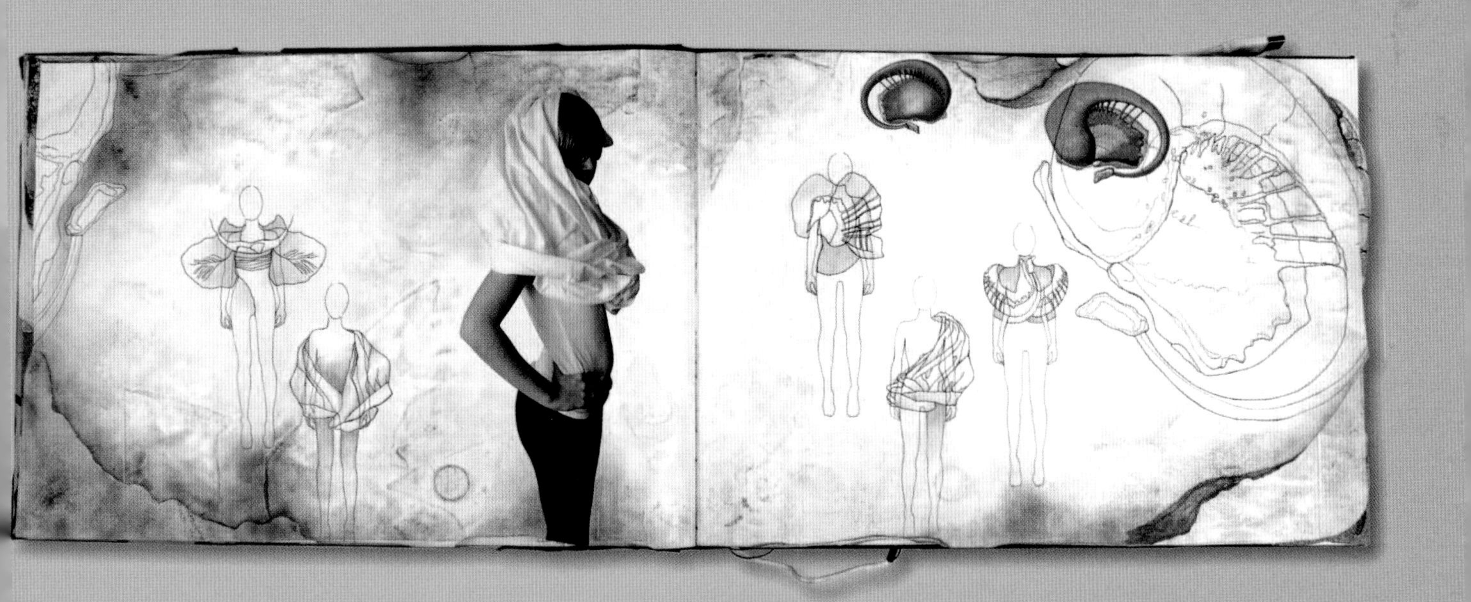

爱瑞娜 · 戈尔立卡瓦 Iryana Gorelikova 女性的形体是爱瑞娜主要的灵感源。在创意过程中，她会找到一个故事来记叙整个过程，从她的自然流露的创作风格和她的思考中可以找到这个故事。她的创作基于在独特的或平凡的事物中找到的兴趣点，探寻历史以发现一些新的事物。

<< 关于创作我所发现的最有趣的是：在完成前，我永远都不知道结果会怎样。>>

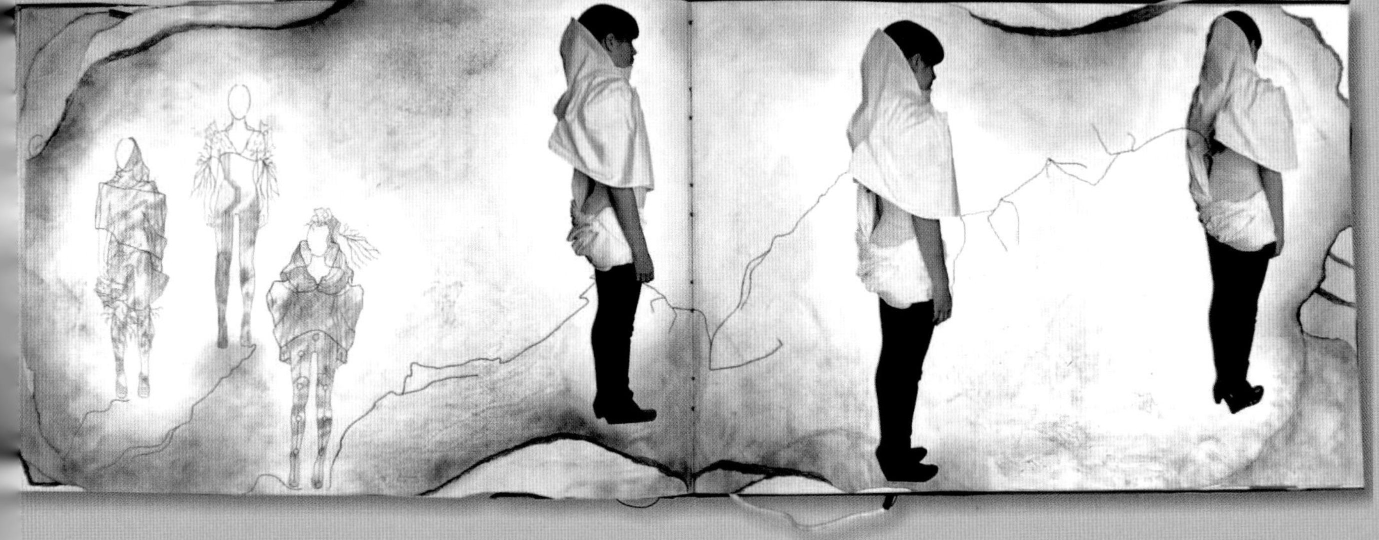

沃尔夫冈·扎偌 Wolfgang Jaruach

对沃尔夫冈来说，创作过程不仅仅是到博物馆或画廊获取灵感，而应该是记录每一天他所看到的。他喜欢质疑惯例，并把这当作他设计男装的基础。

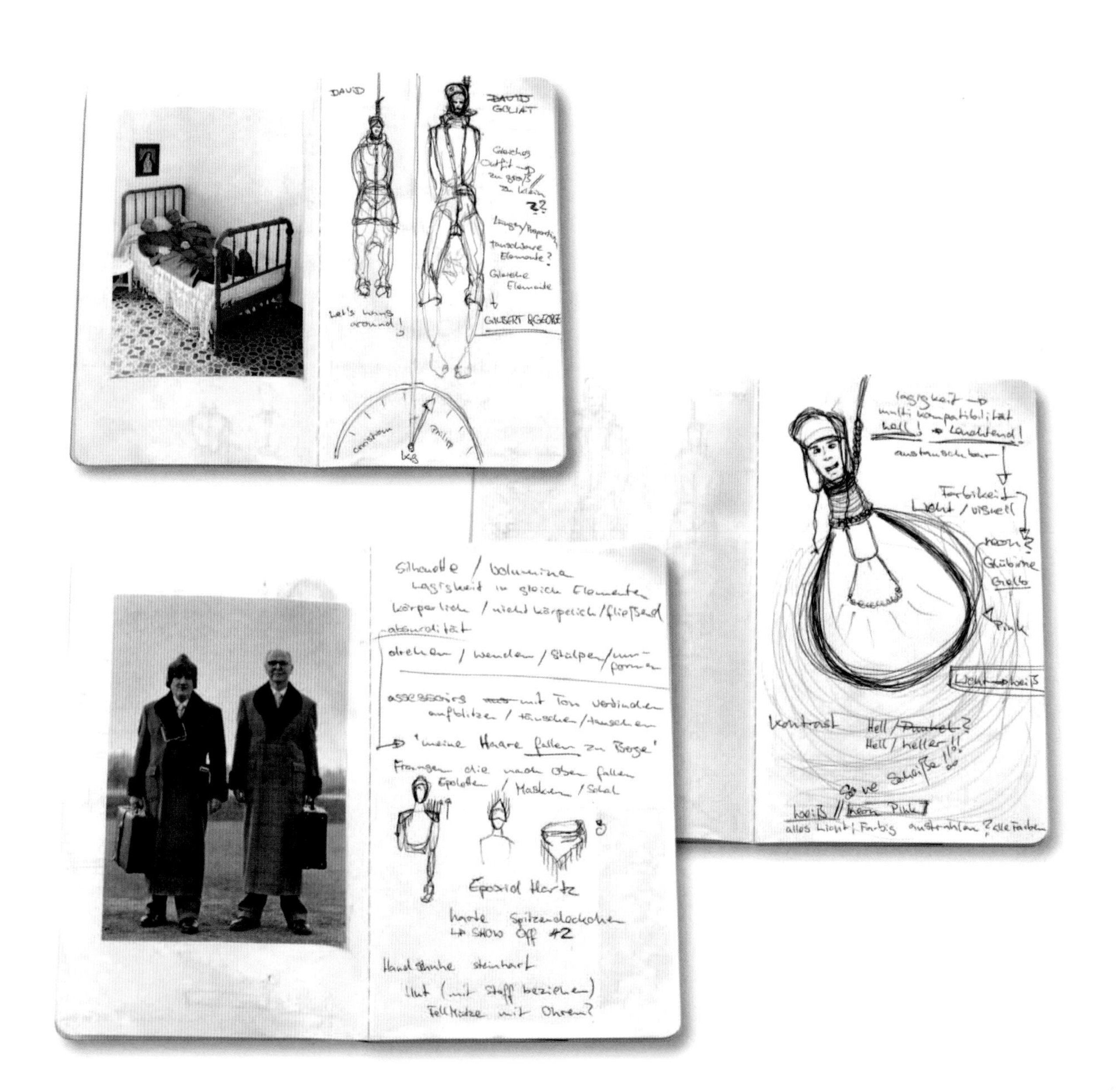

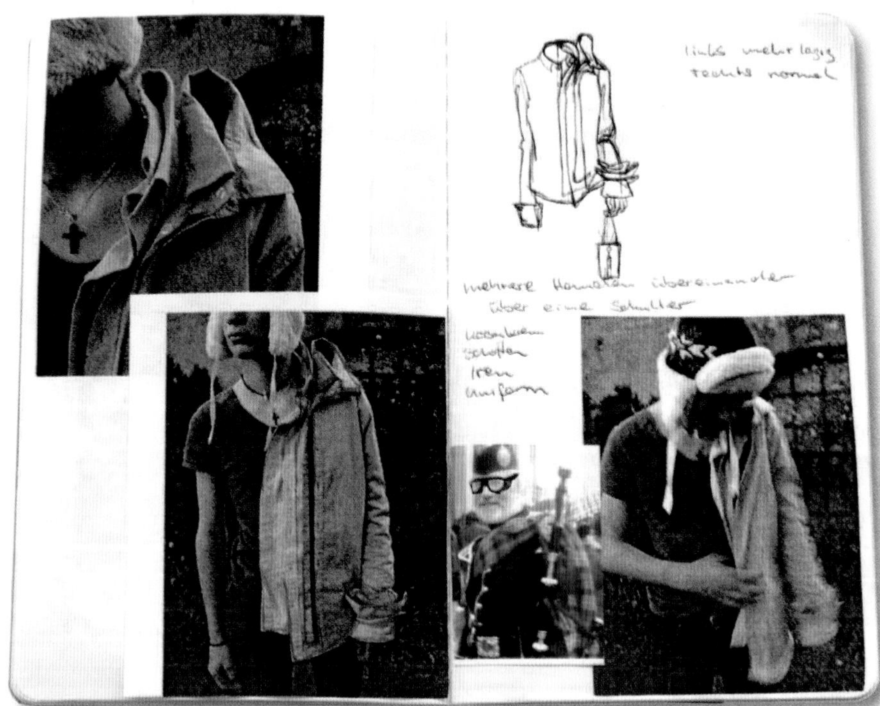
links mehrlagig
rechts normal
mehrere Hemden übereinander
über eine Schulter
Schotten
Iren
Uniform

- DB TRENCH mit Gürtel
durch einen Ärmel
- Mehrlagen Hemd
überlang /Oversize
- Shorts mit tiefem
Schnitt
- Stulpen / Leggins

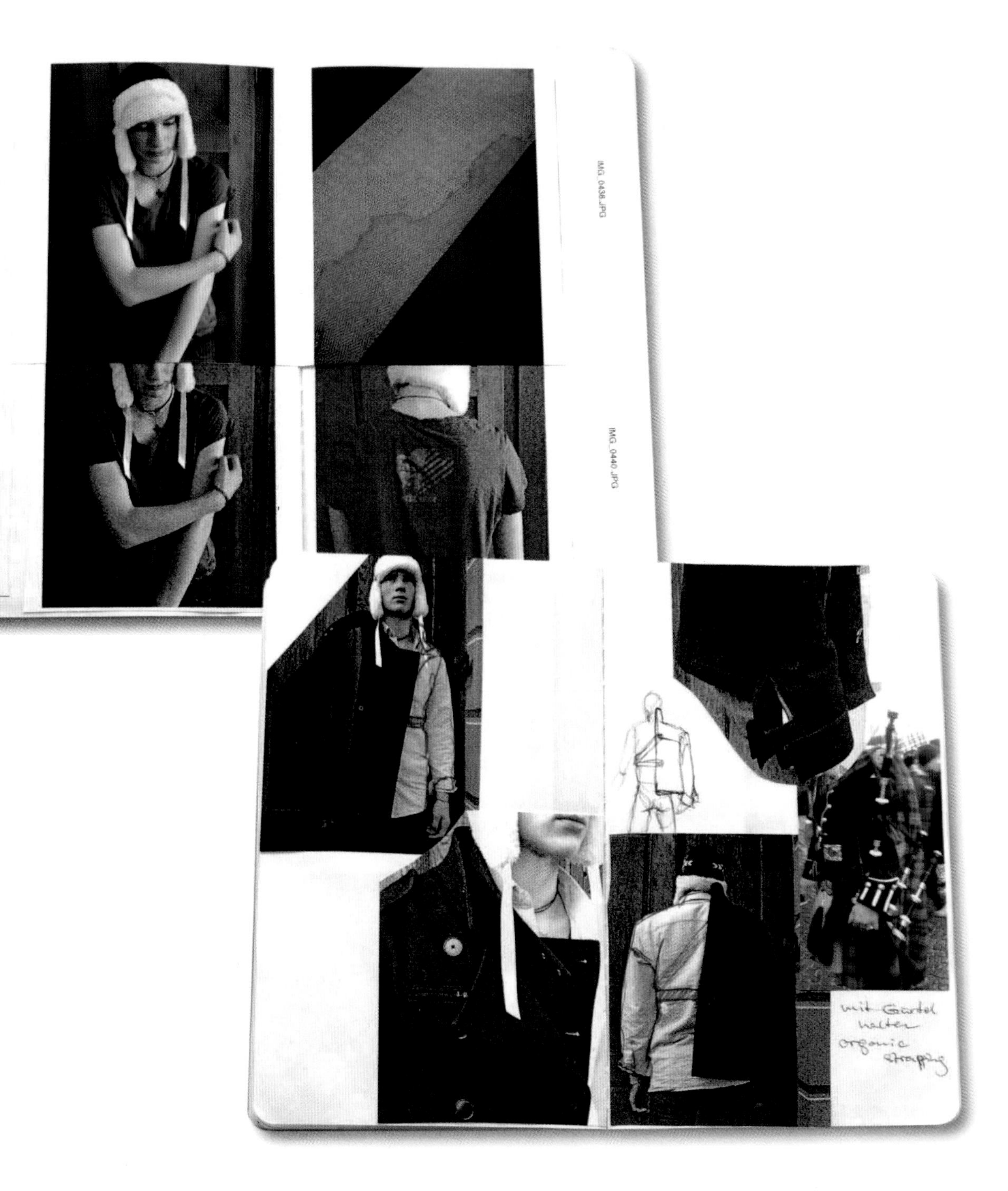
IMG_0438.JPG
IMG_0440.JPG
mit Gürtel
halter
organic
strapping

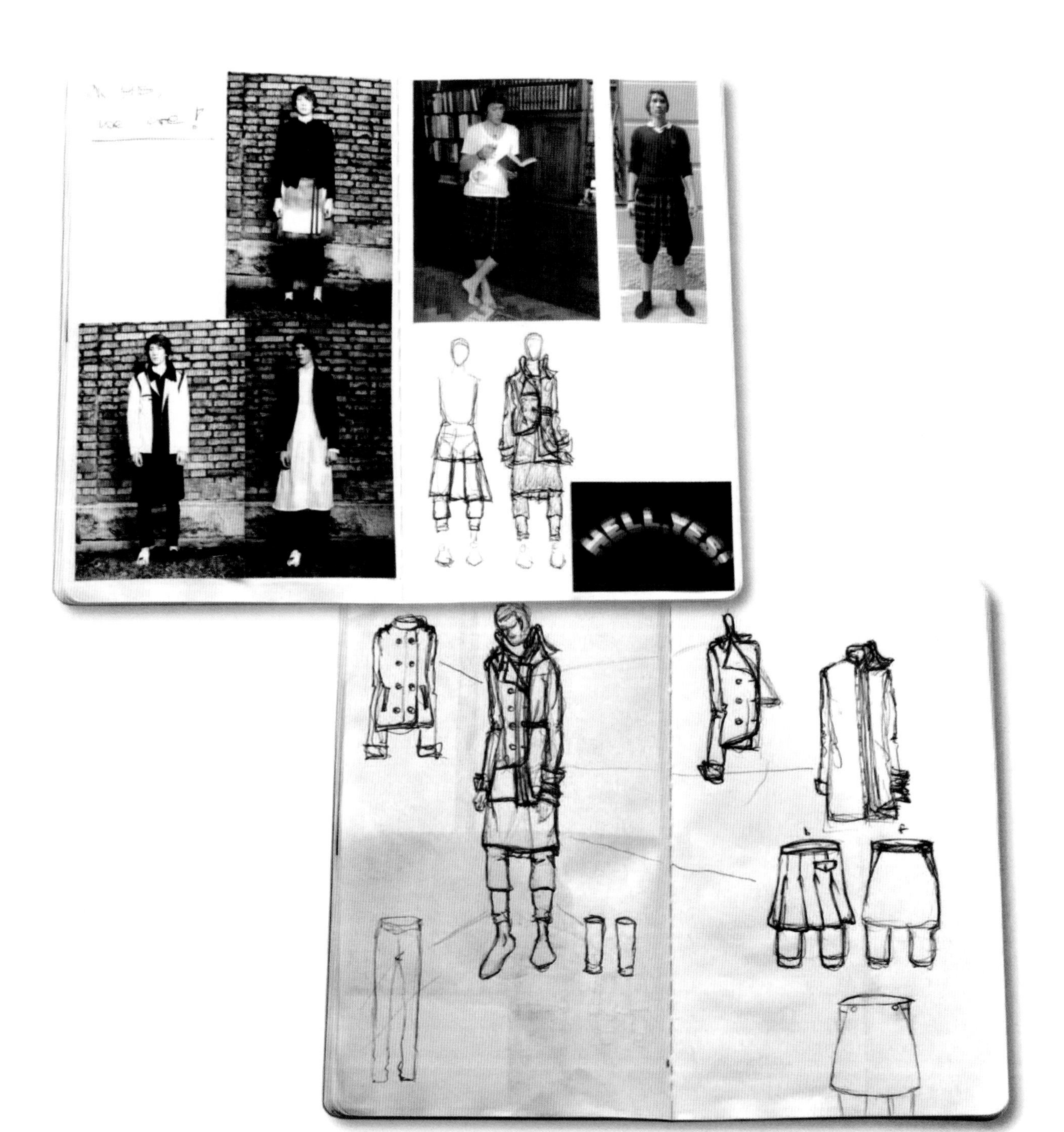
HELL YES!

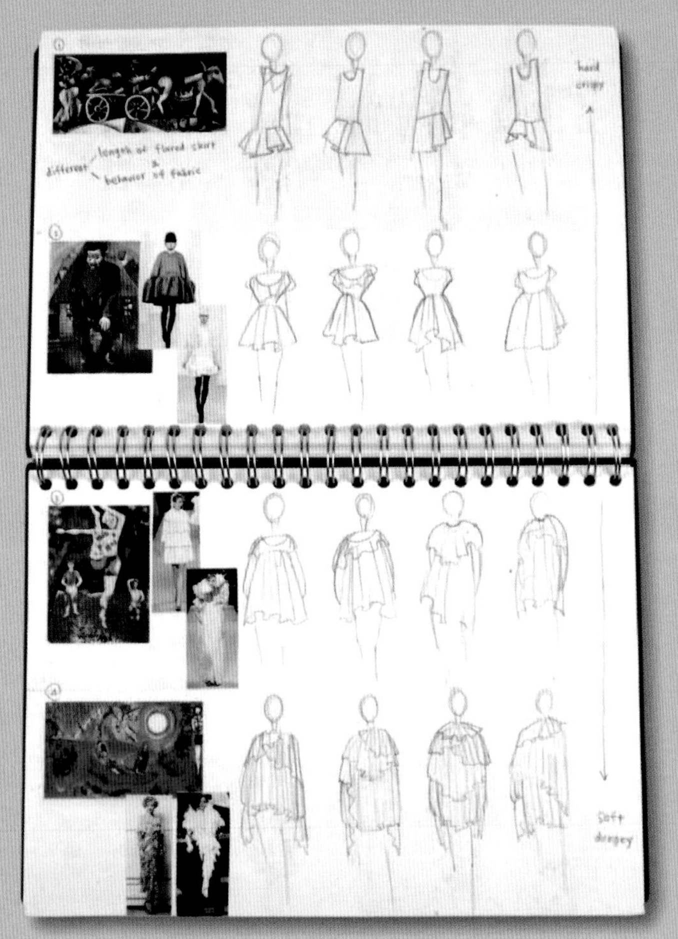

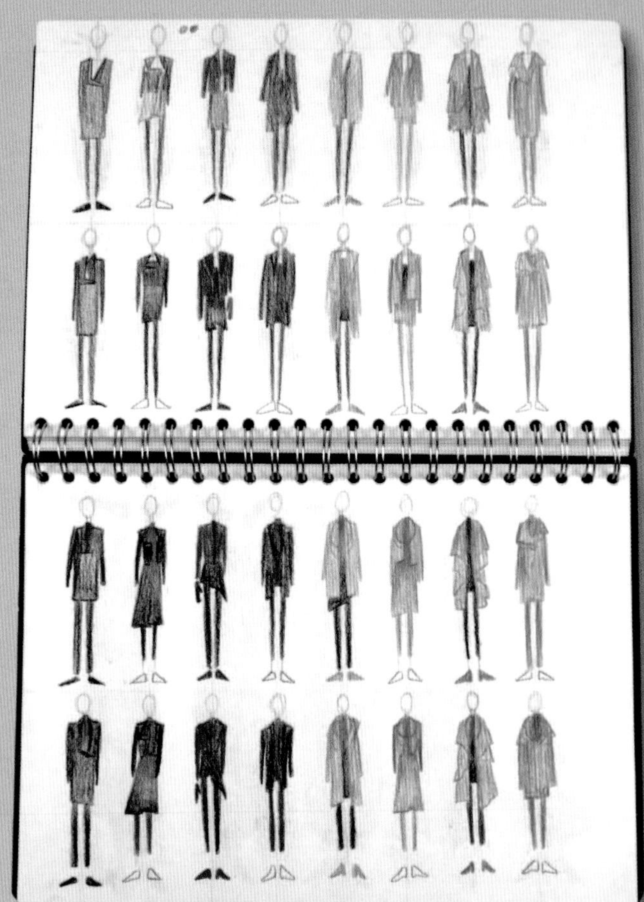

撒卡亚·镰仓 Sakaya Kamakura 反复质疑及反复思考是撒卡亚创意设计的基础。她用人台做试验和开发产品。撒卡亚的创意很简洁，她解决问题的方式也很有逻辑性及理性。她依靠调研过程来记录整个创意过程。

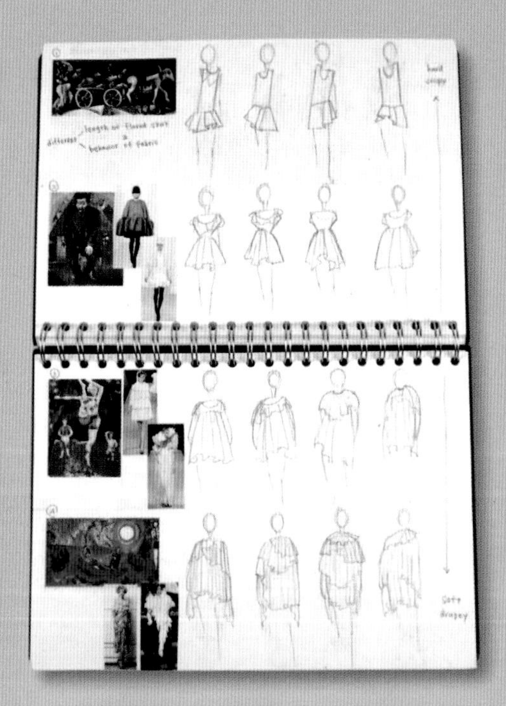

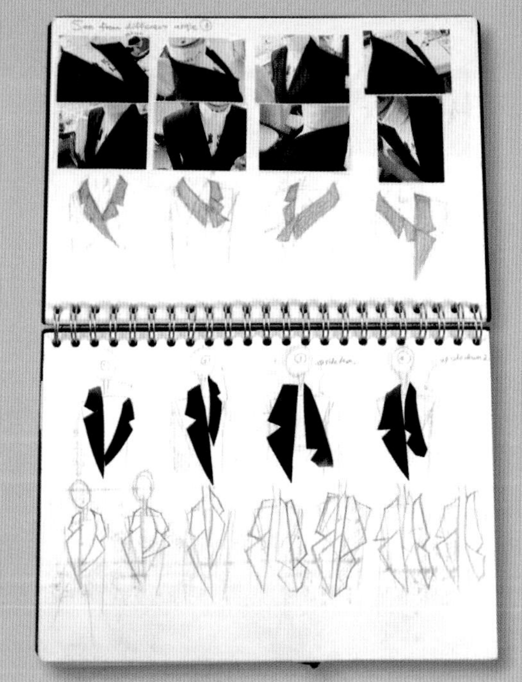

<< 服装设计可以从很多视角进行拓展，例如社会交往、人体、艺术、设计。我的好奇心永远不会停止

阿尼·坦·拉姆 Ani Tan Lam 她的研究是她看到的周围世界的样貌，并在平凡中发现不同。

| 为了表达她的想法，她将大胆的剪裁和色彩融合在一起使用，并与细节设计结合。

<<我从我周围的世界得到灵感，乐于用相机拍下生活中的一些细节，有时这些东西会成为我调研的一部分内容。>>

COMME DES GARCONS

FASTENINGS

格洛丽亚·林 Gloria Lin

格洛丽亚做设计时首先要收集相关的素材，并把她拥有的最好素材编辑在一起。通过她独特的研究和推演，将素材重新编辑，引领观者进入独具个性的旅程。她通过这些研究演绎出时尚廓型、印花和针织物。

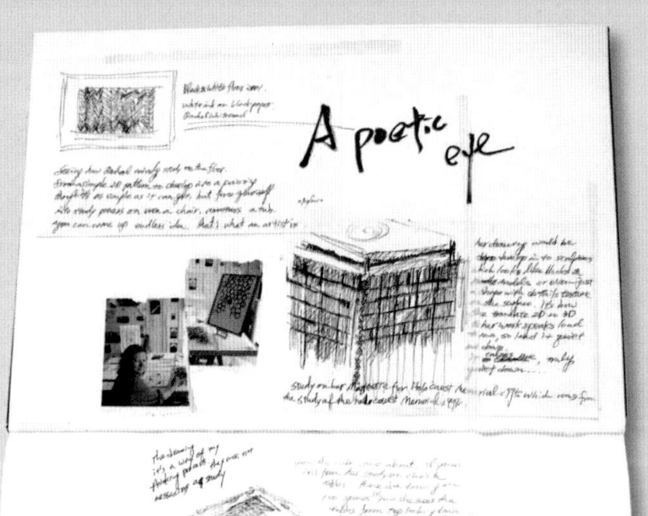
A poetic eye

to spaces

Sculptures & Architectures

Architectures speak for the city with the skyline that composed by buildings
yet, it would be a dull dialog without the juice of sculptures in between
from the roof of British Museum to the monuments in Trafalgar Square
sculptures complete the space
the composition with a touch of jewels.

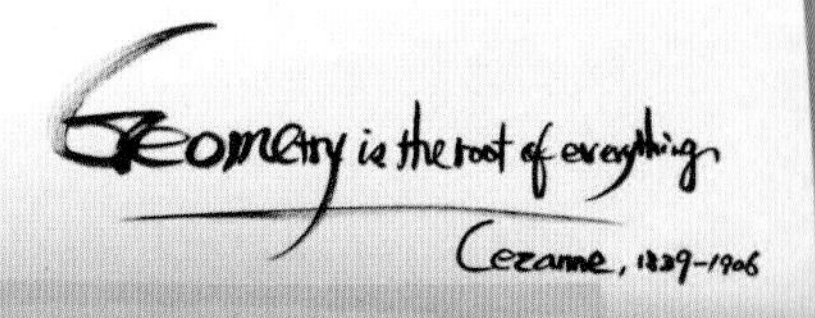
Geometry is the root of everything
Cezanne, 1839-1906

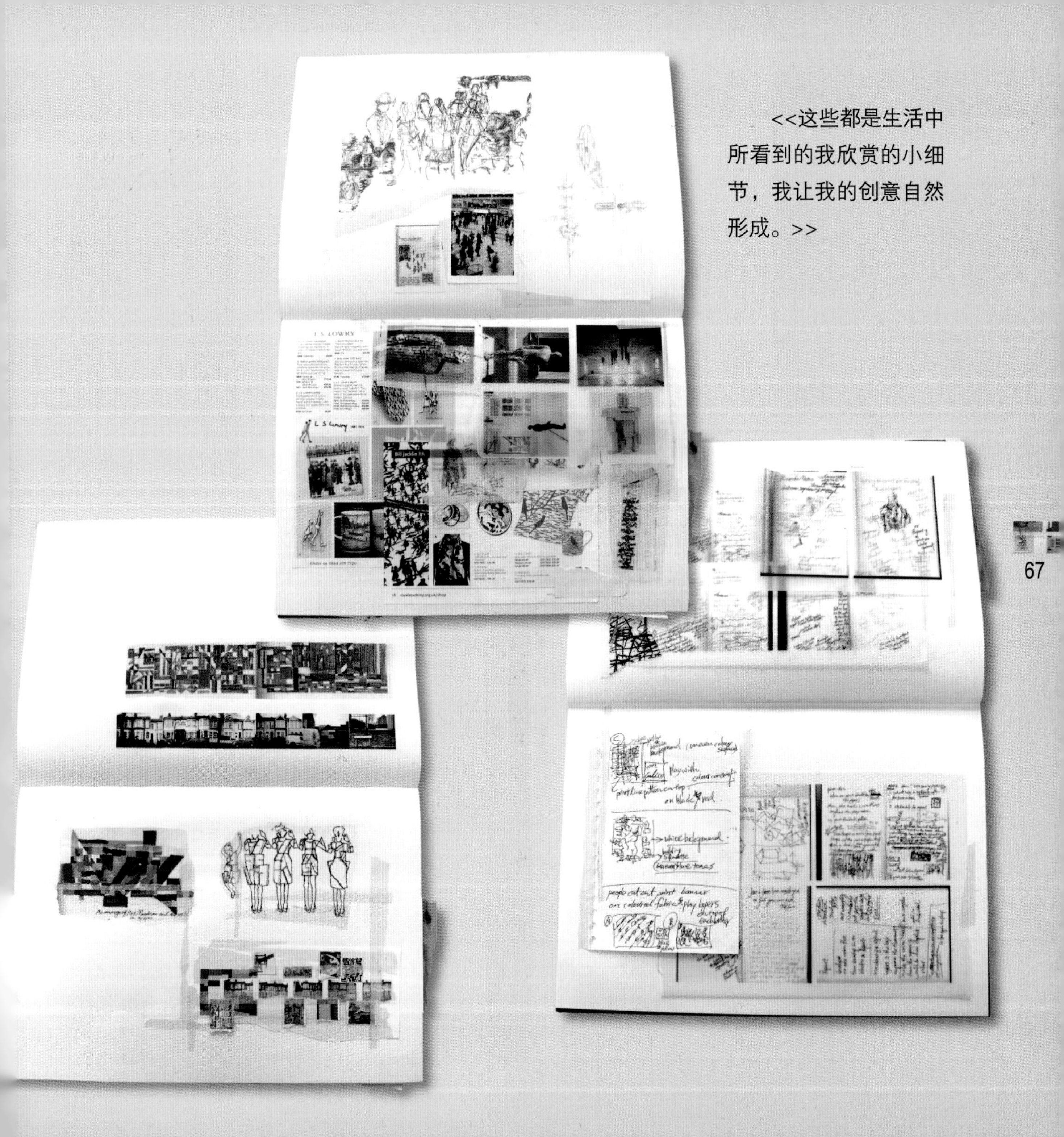

<<这些都是生活中所看到的我欣赏的小细节，我让我的创意自然形成。>>

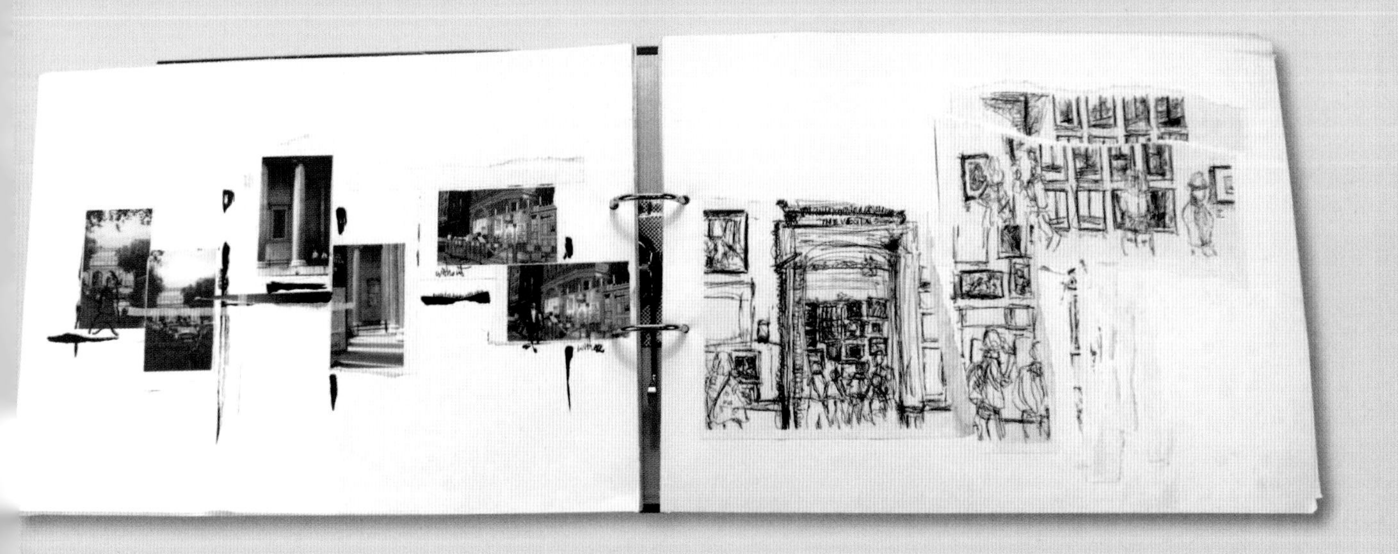

阿里安娜 · 丽帕亚 Arianna Luparia 阿里安娜运用她天生的创作才能，将所看到的转化成有趣的和视觉上吸引人的形式。她通过将创意融入大千世界完成创作过程。通过创造一个可视化的故事，得以诠释她独特的视角。

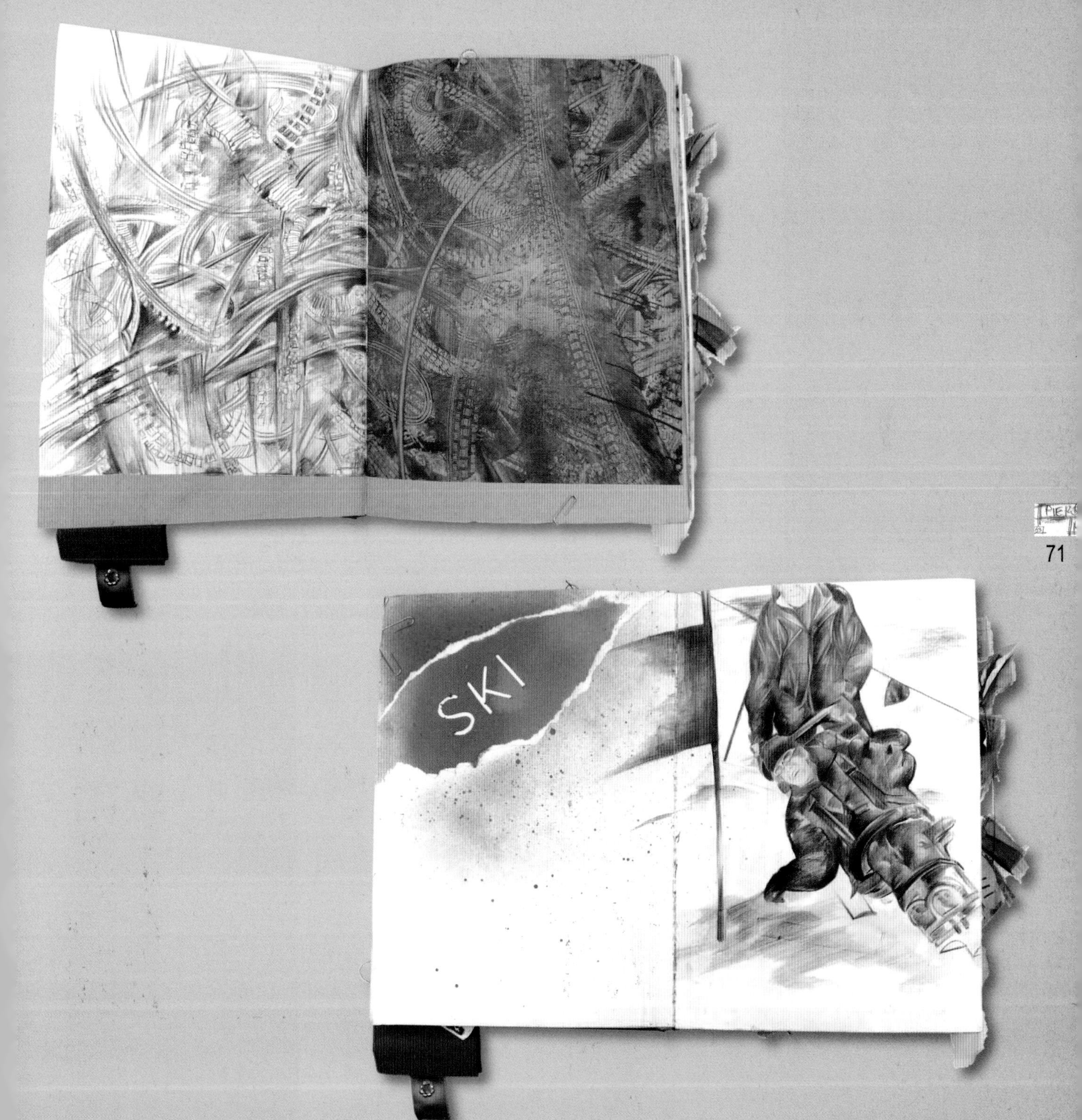
SKI

ARTIST

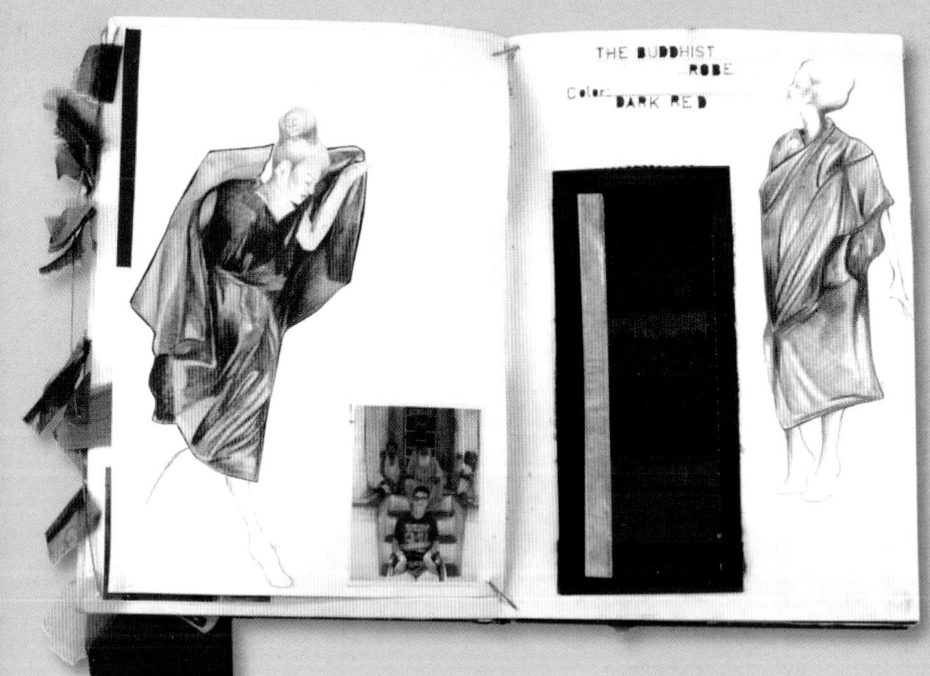

<<我习惯于相机常伴左右，因此每一天对我来说都是创作日。>>

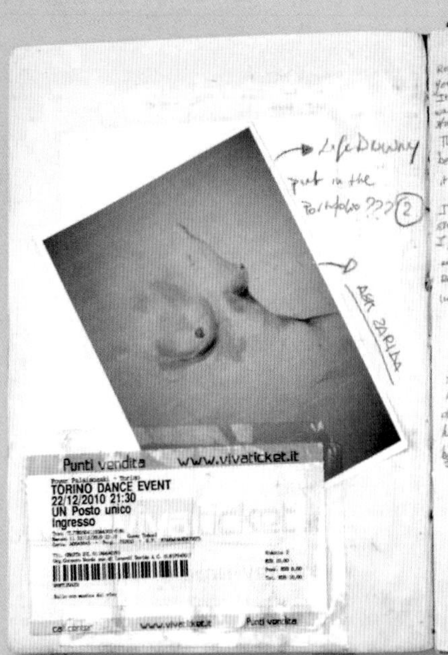
Punti vendita
www.vivaticket.it
TORINO DANCE EVENT
22/12/2010 21:30
UN Posto unico
Ingresso

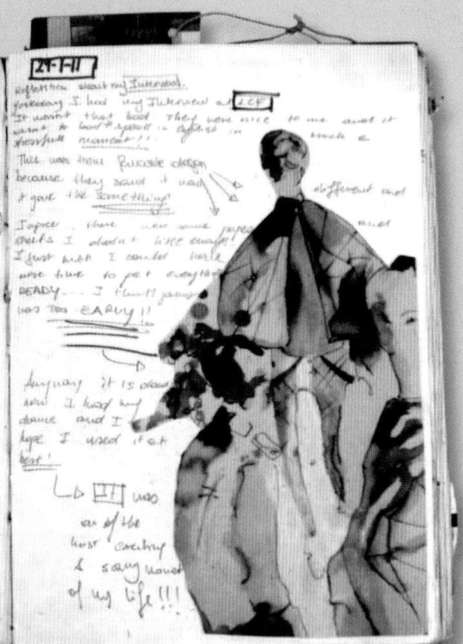

PIERO
1963

FINAL

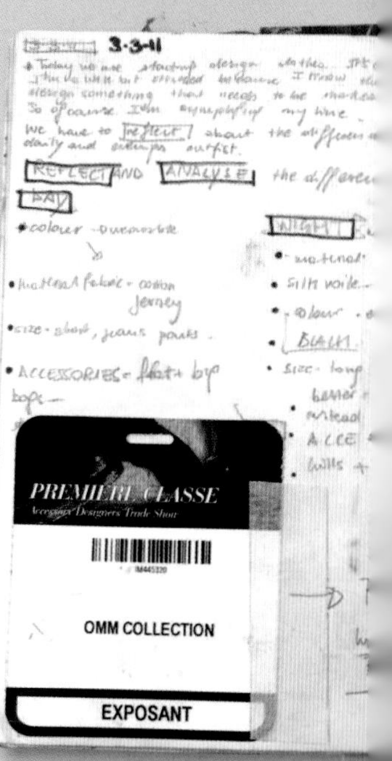
PREMIERE CLASSE
OMM COLLECTION
EXPOSANT

MUSEUM MAO TURIN 10-2-11
museo d'arte orientale
USEUM "MAO" TURIN

COLLECTION
20 dresses
TO DO
20 Dresses
FIRST FASHION DRAW

PARIS FASHION WEEK
HIGH LEVEL
MAT

乔安娜·曼德尔 Joanna Mandle

在现代环境中融入儿童元素与滑稽小丑，意在通过讲述一个关于童真的故事，展现富有视觉吸引力的调研过程。乔安娜的调研展现了从灵感和实验跳跃到新式设计的过程。

Sudbury Hall and the Museum of Childhood
A FAVOURITE fantasy of the dedicated doll collector is of discovering an old trunk in the office with a favourite doll, a Sleeping Beauty suspended in time and preserved by the hands that laid her away.
Students of fashion are well aware that dolls in their original condition make an important contribution to our knowledge of the everyday life and attire of our ancestors. A doll which has survived with garments, hairstyle and accessories from the period of manufacture, mirrors the people whose lives she once shared. Unfortunately it is now rare to find dolls complete with original clothing and those examples which exist must be considered as historical artefacts.
Perhaps the most important dolls discovered in recent years are the pair of wooden dolls known as Lord and Lady Clapham. The Victoria and Albert Museum acquired Lord and Lady Clapham after a public appeal to prevent them leaving the country. This unique pair has provided the museum with invaluable fresh knowledge of dress in the last few years of the 17th century. Lord and Lady Clapham are real personalities, with all their miniature garments and accessories intact. They give us a fascinating glimpse of life in their time. Lord Clapham even had a dead louse in his tiny wig — an unpleasant reminder that life in the 17th century did have its drawbacks.

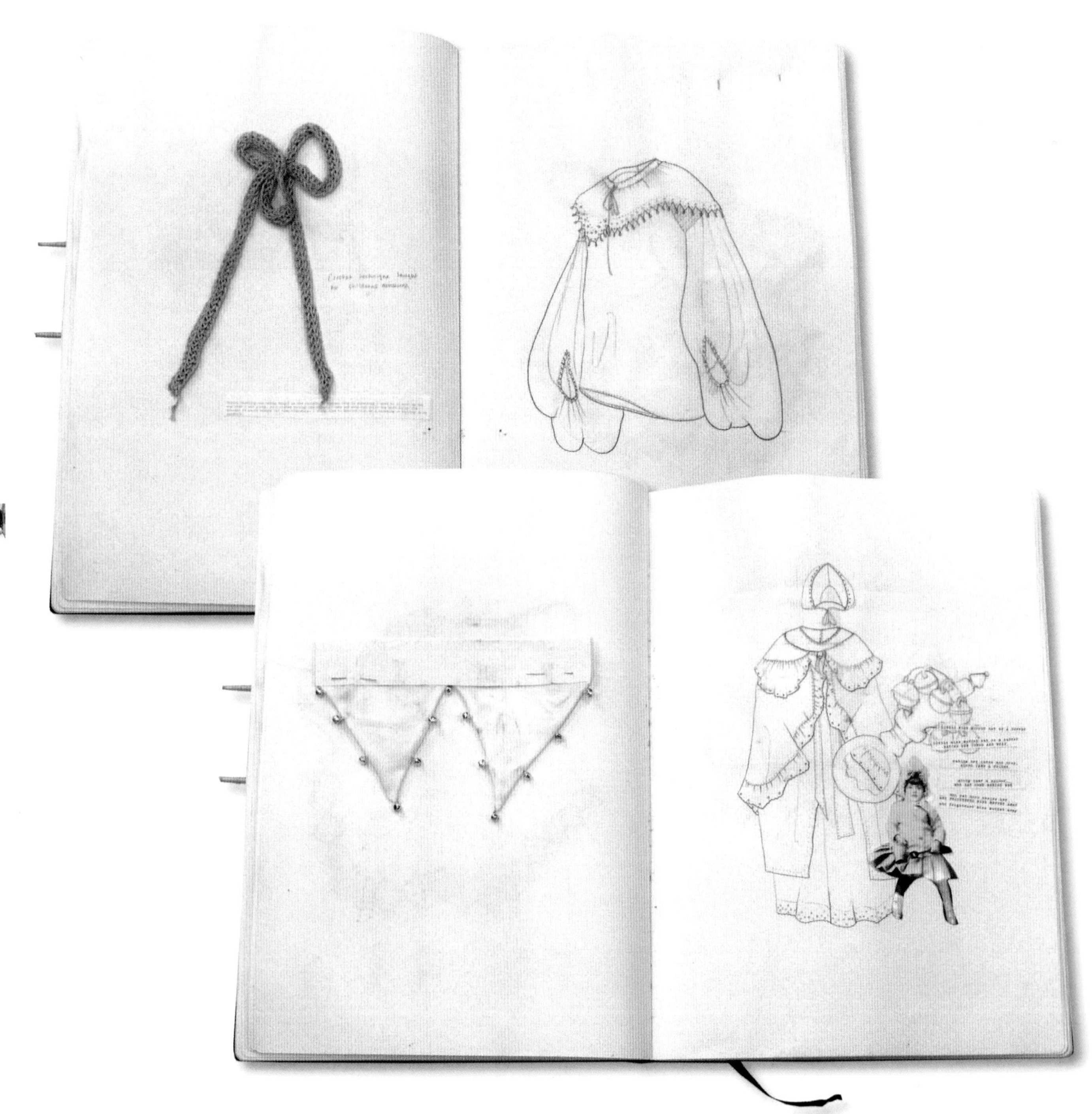

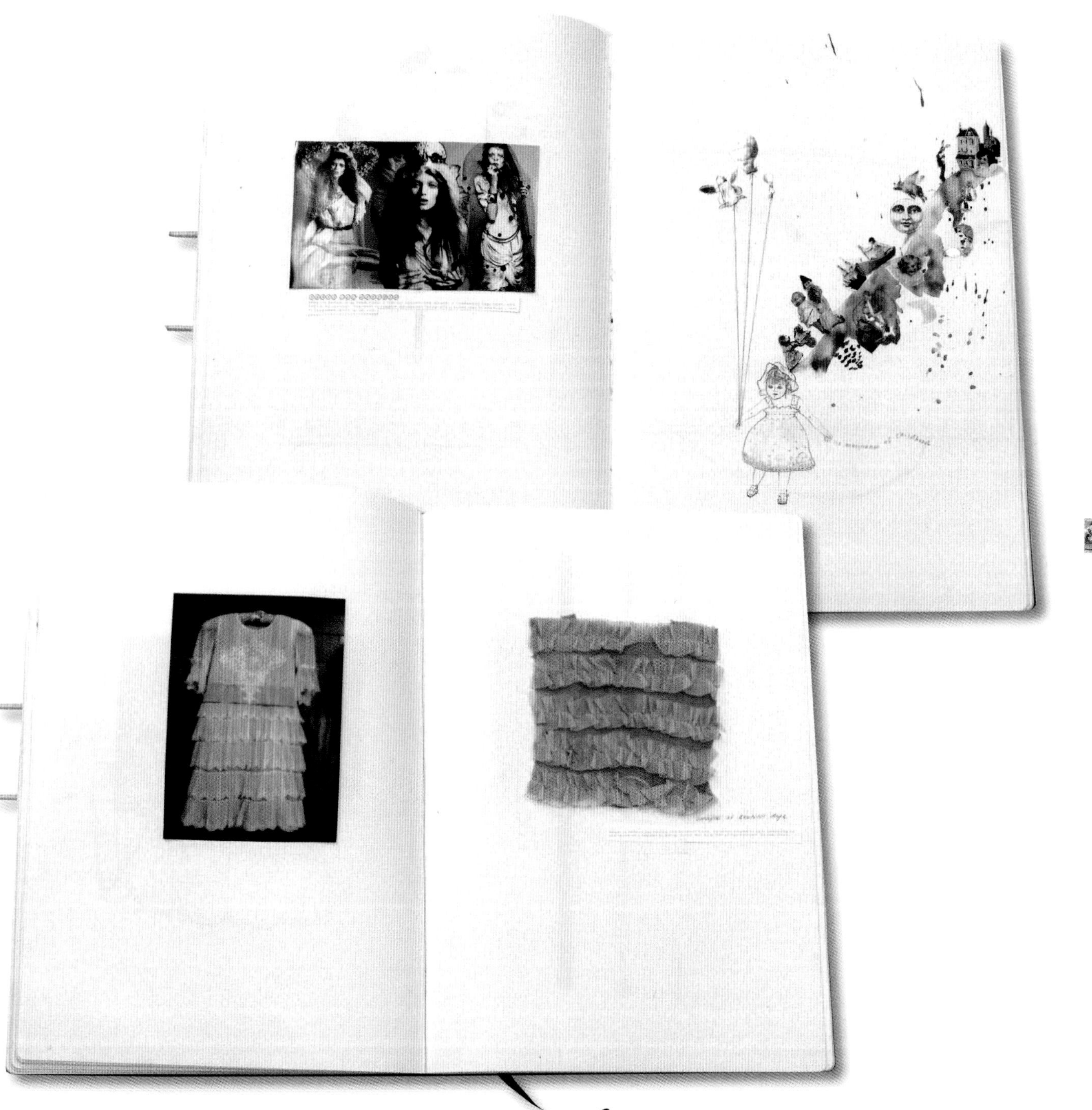

CLIENT

<<用这种方式工作，使我能够从调研过程中的细节汲取灵感，例如我会从口袋的细节中得到廓型的灵感。>>

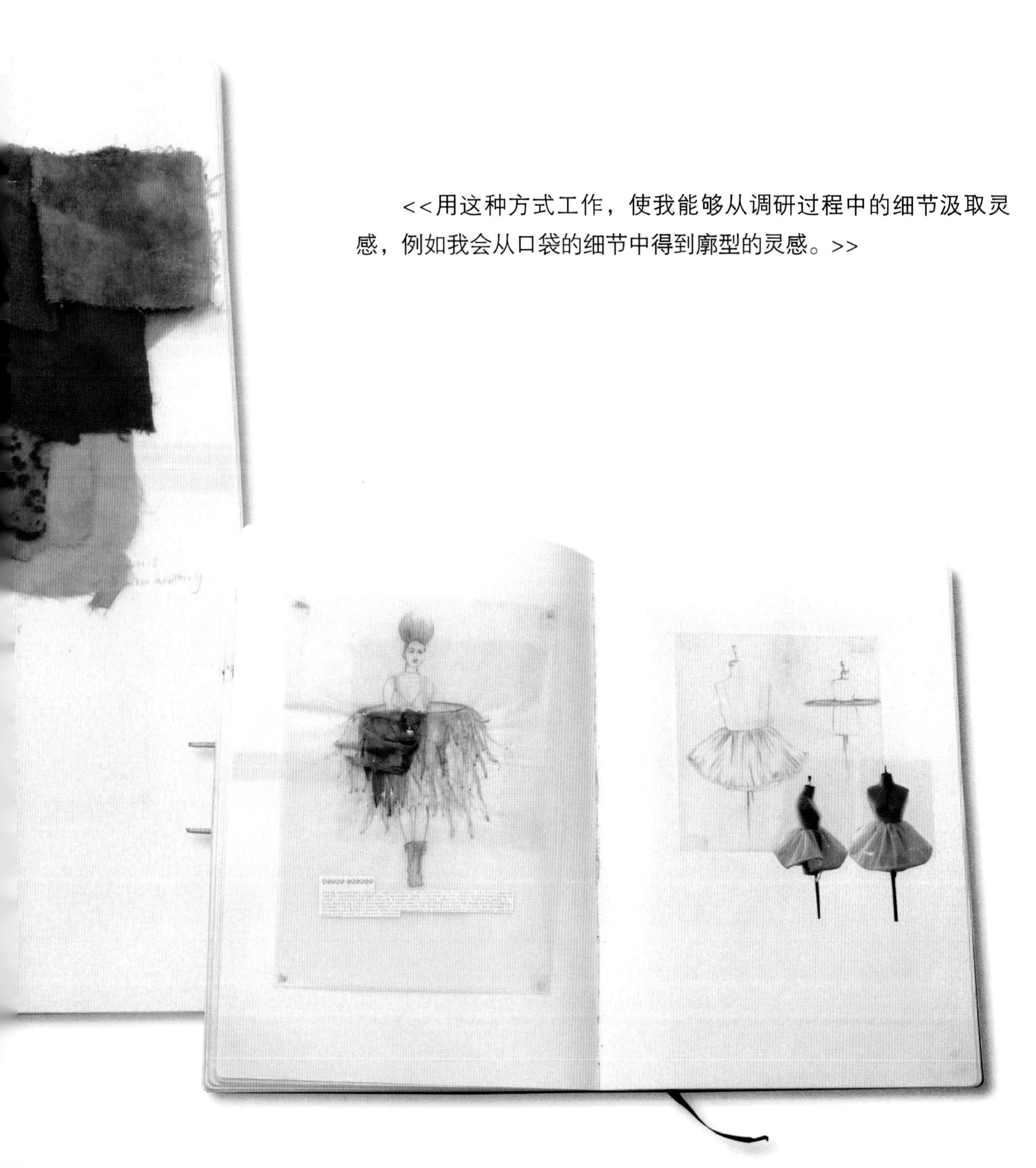

埃琳娜·奥克斯顿 Elena Occidente

埃琳娜调研过程的第一部分是收集大量的视觉形象，从中找出有趣的部分形成她的设计创意。埃琳娜把调研和绘画结合起来作为她的创意灵感。她在创意速写本中运用各种手法，创造出引人入胜、过目难忘的页面。

Insects

Look Inside

Look at the HEAD

The mouthparts of the Fly are modified for SPONGING FOOD...

Sponging Insects...

compound eyes

...Look inside...
Pollen
The carnivorous plant has captured an insect
Lethal Attraction
Closed trap- go in but never go out!
When the top leaf goes down the insect can't escape anymore..
Sticky surface
After...closed
Natura vs Art..
PUPA or CHRYSALIS
JANE WAFER -Chrysalis-
KENDALL BUSTER
CATERPILLAR
TRACEY COLLINS
BUTTERFLY
EGGS
Colors: Many butterflies and moths are brilliantly colored, while others are drab. The coloration of these insects serves many purposes, including:
Camouflage, in which the color of the animal blend into the environment, hiding the insect.
Warning coloration: brightly-colored butterflies and moths are either bad-tasting or a mimic of similar-looking bad-tasting butterflies.
Attracting and finding mates, who look for certain colors and patterns.
Deceiving predators into thinking they're bigger than they really are.
Soaking up heat
CAMOUFLAGE

<<在我的调研过程中，我喜欢用图像表达一个故事，这种方式可以帮助其他人以轻松有趣的方式追随这个旅程。>>

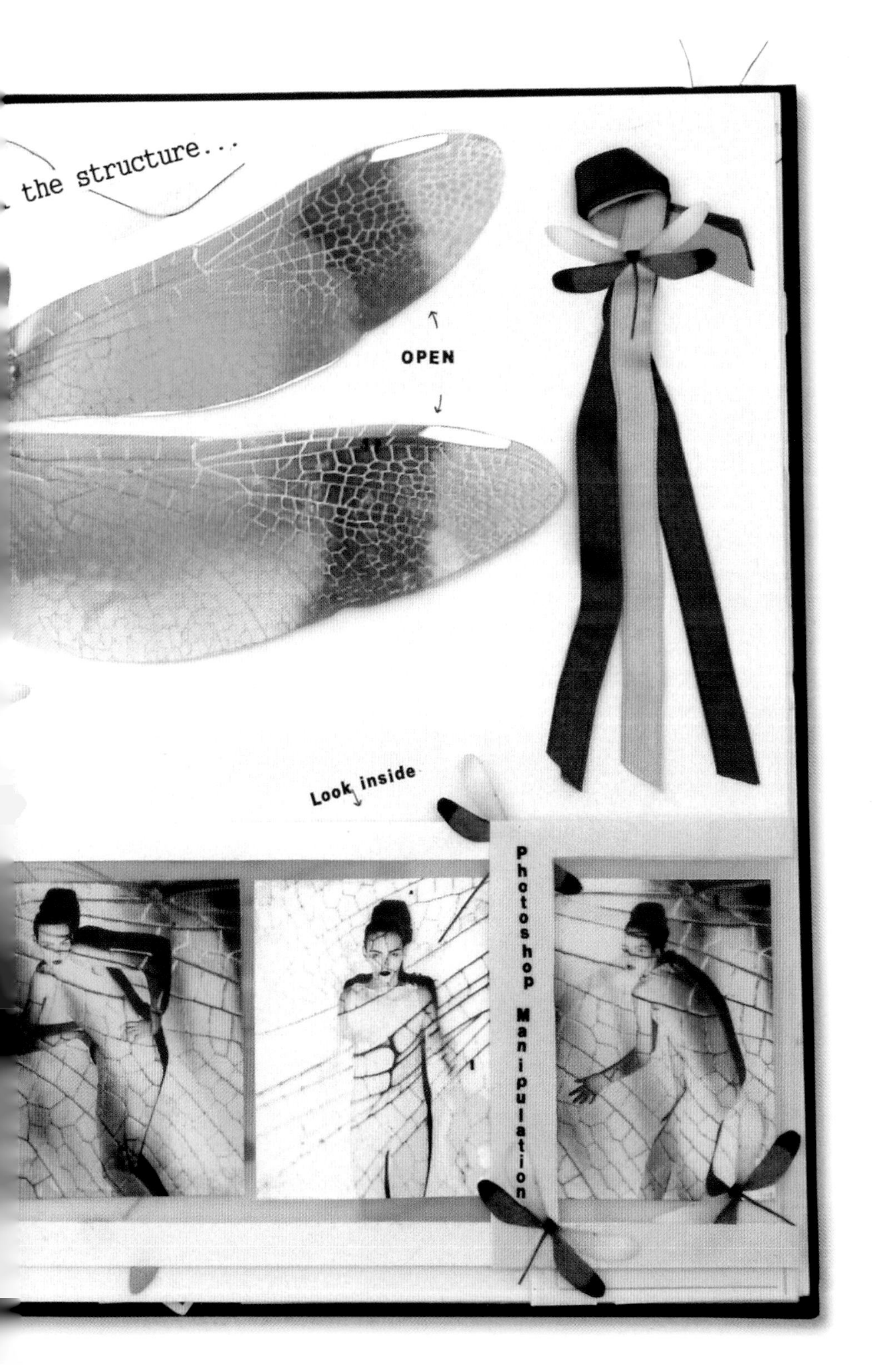
the structure...
OPEN
Look inside
Photoshop Manipulation

RICOH

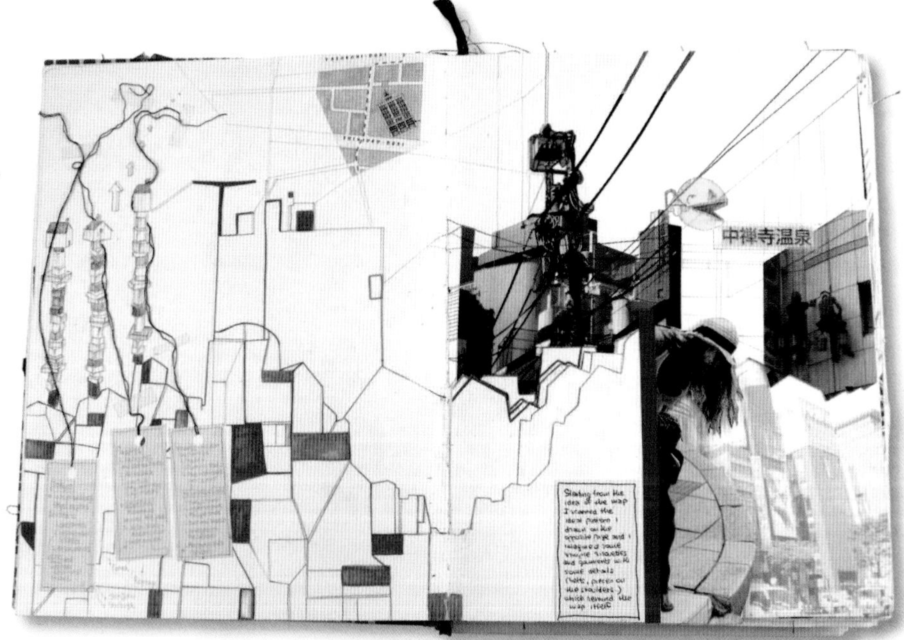

中禅寺温泉

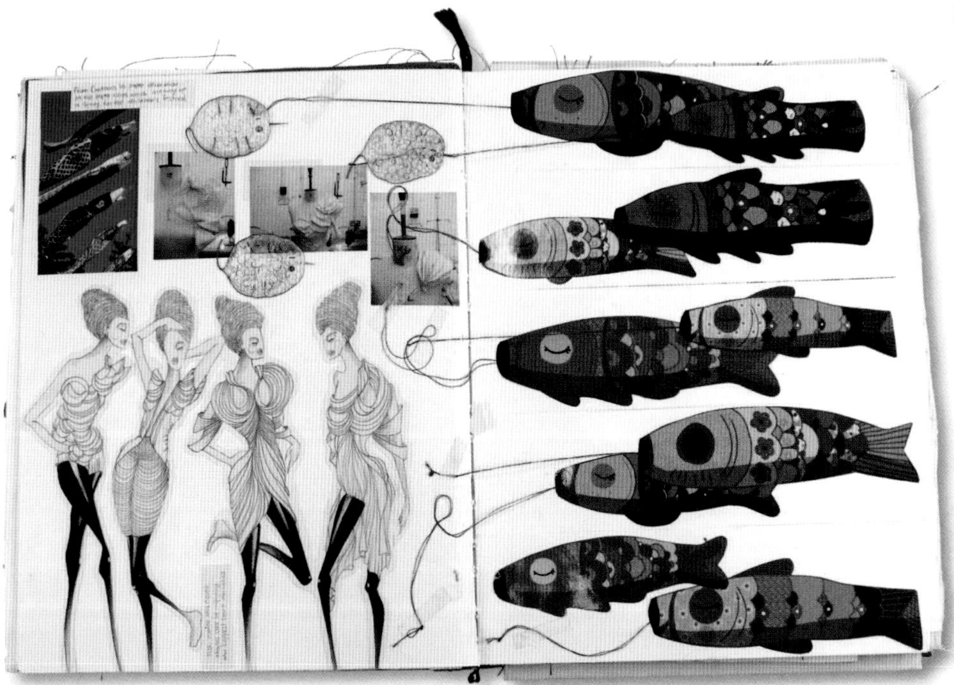

瑞姆森·谢伊 Crimson O'Shea 瑞姆森的创意未加修饰，而且大胆，反映了她在创造其独具个性特征、富有挑战性作品时的智慧。她的设计是对调研过程的直接演绎，如历史建筑的细节转化成袖子的创意。

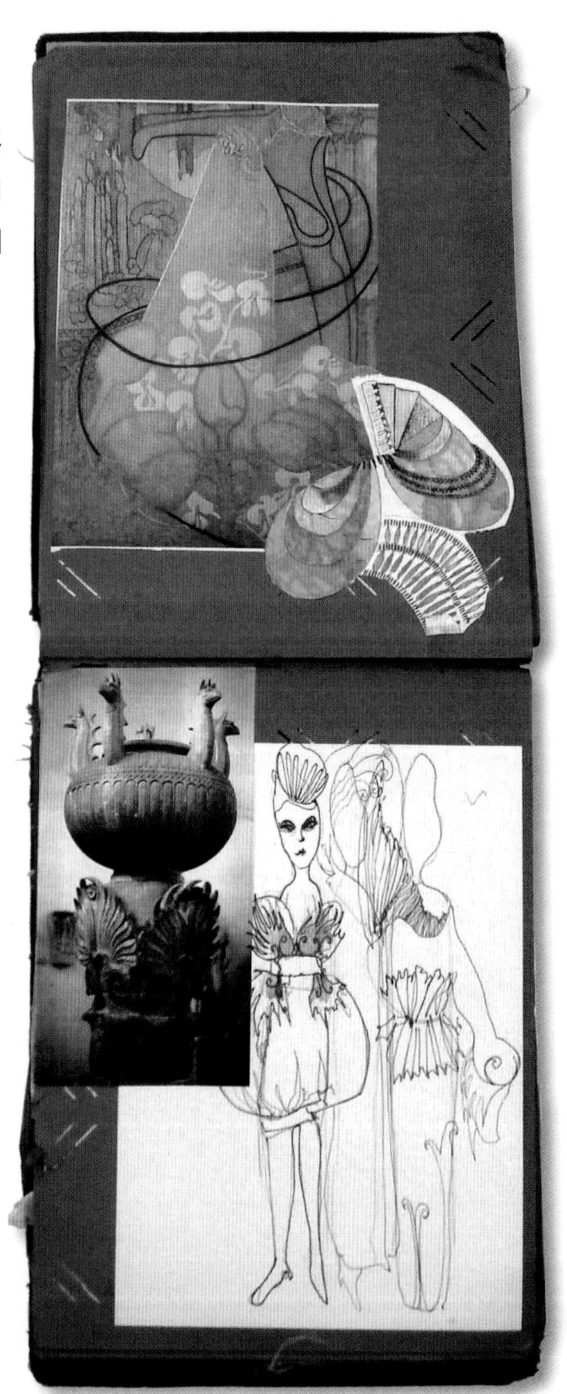

<<我喜欢通过我自己的眼睛看世界，并且用我自己的方式表达出来。>>

Tuscan
Doric
Corinthian
Ionic
65 ARCHES II. WITH PEDESTALS

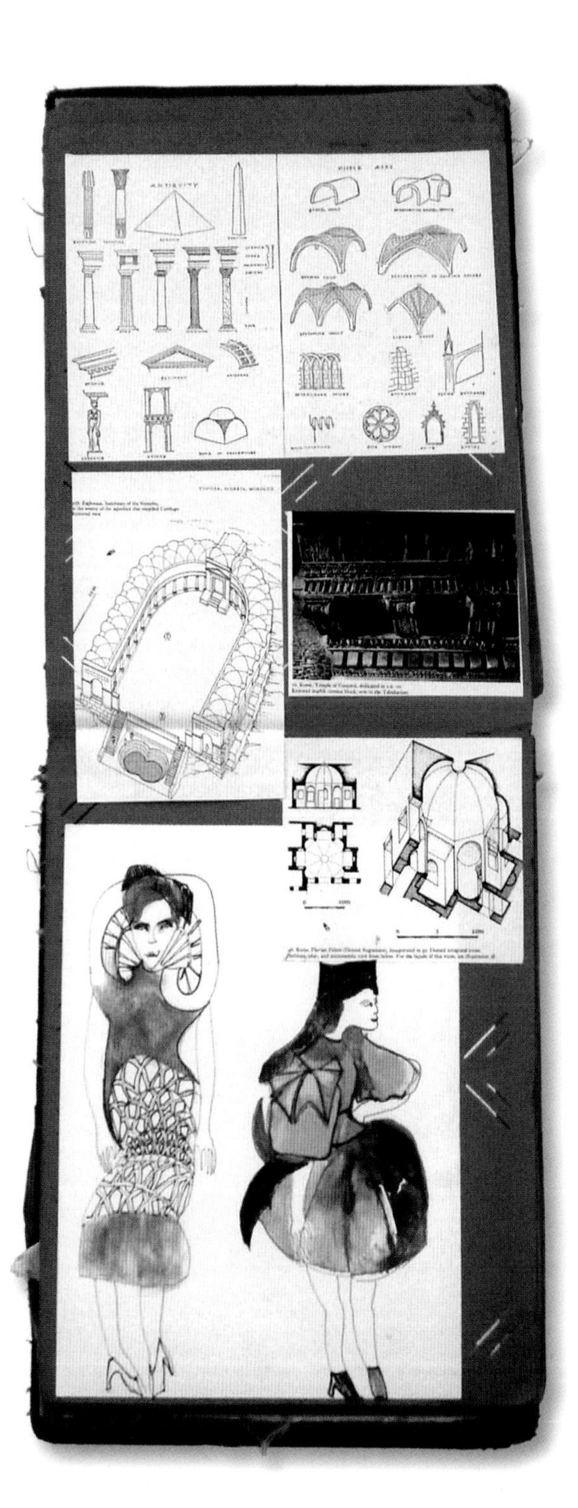

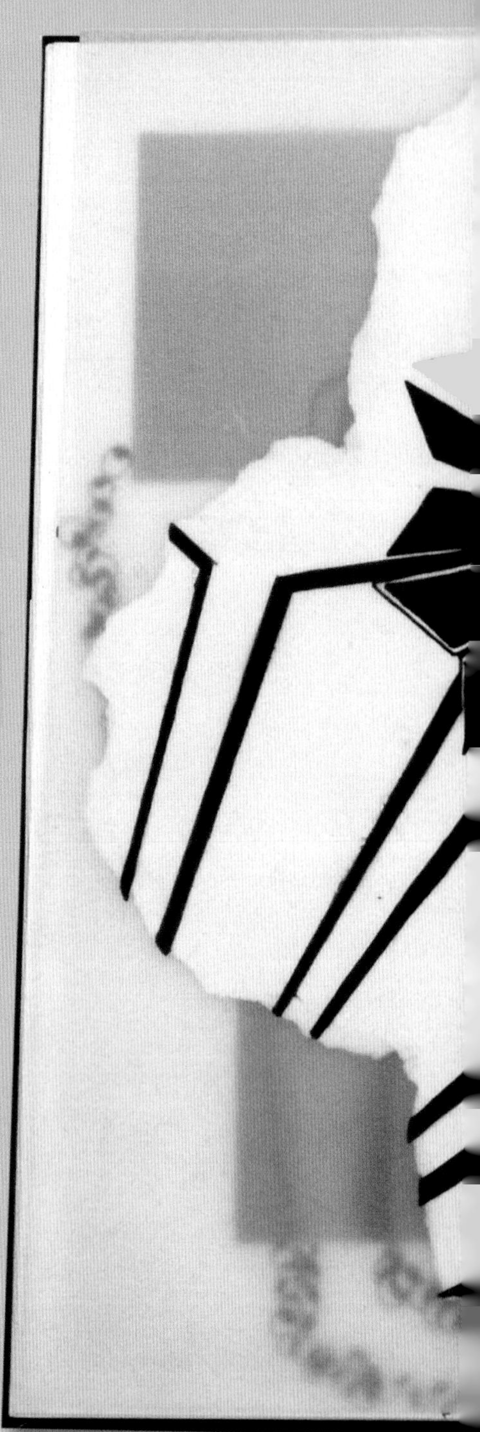

阿多斯·N·罗蒙格力 Athos N Romangoli 阿多斯的灵感取自非常规的主题和事物，他从中创造新的故事和概念，并运用视觉图像帮助自己表达构想。他喜欢把他的调研过程变成一场视觉旅行。

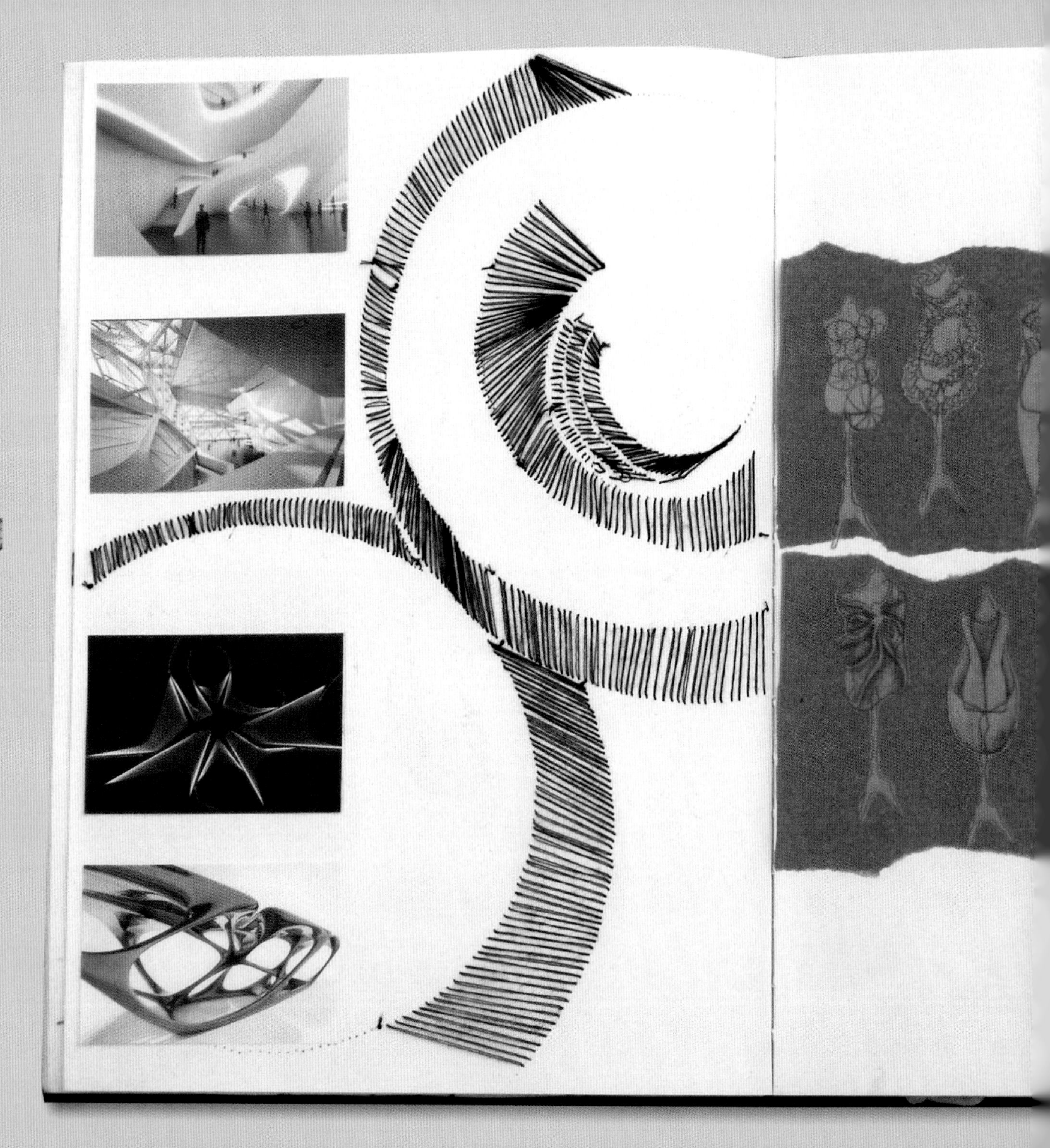

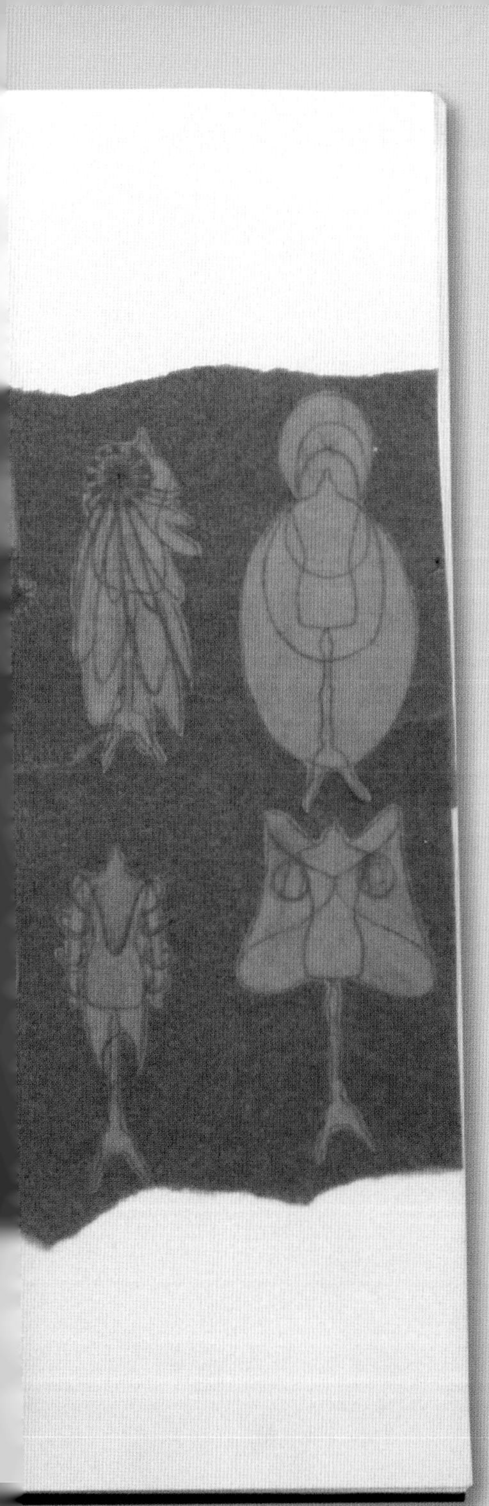

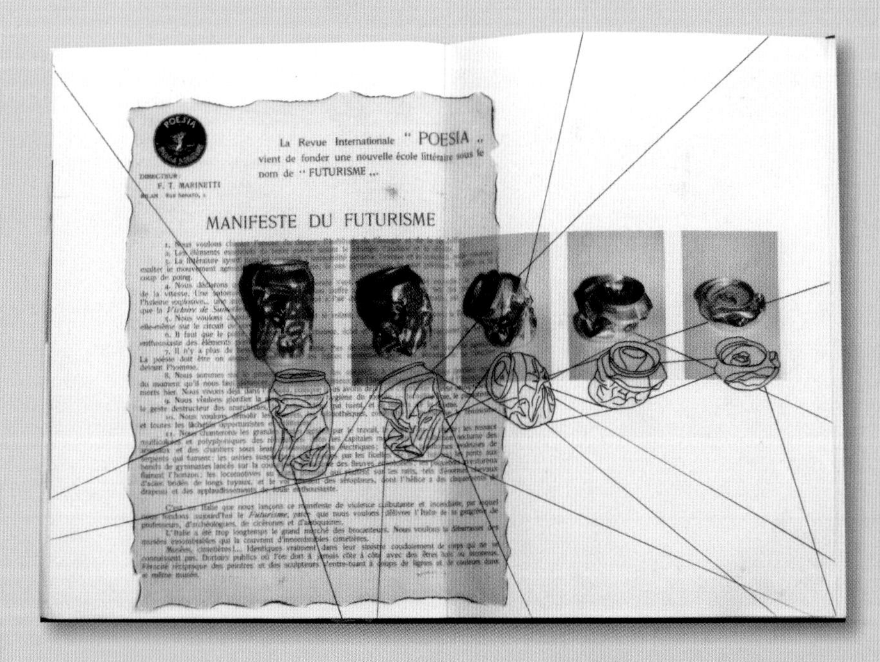
La Revue Internationale " POESIA "
vient de fonder une nouvelle école littéraire sous le
nom de " FUTURISME ".
DIRECTEUR
F. T. MARINETTI
MANIFESTE DU FUTURISME

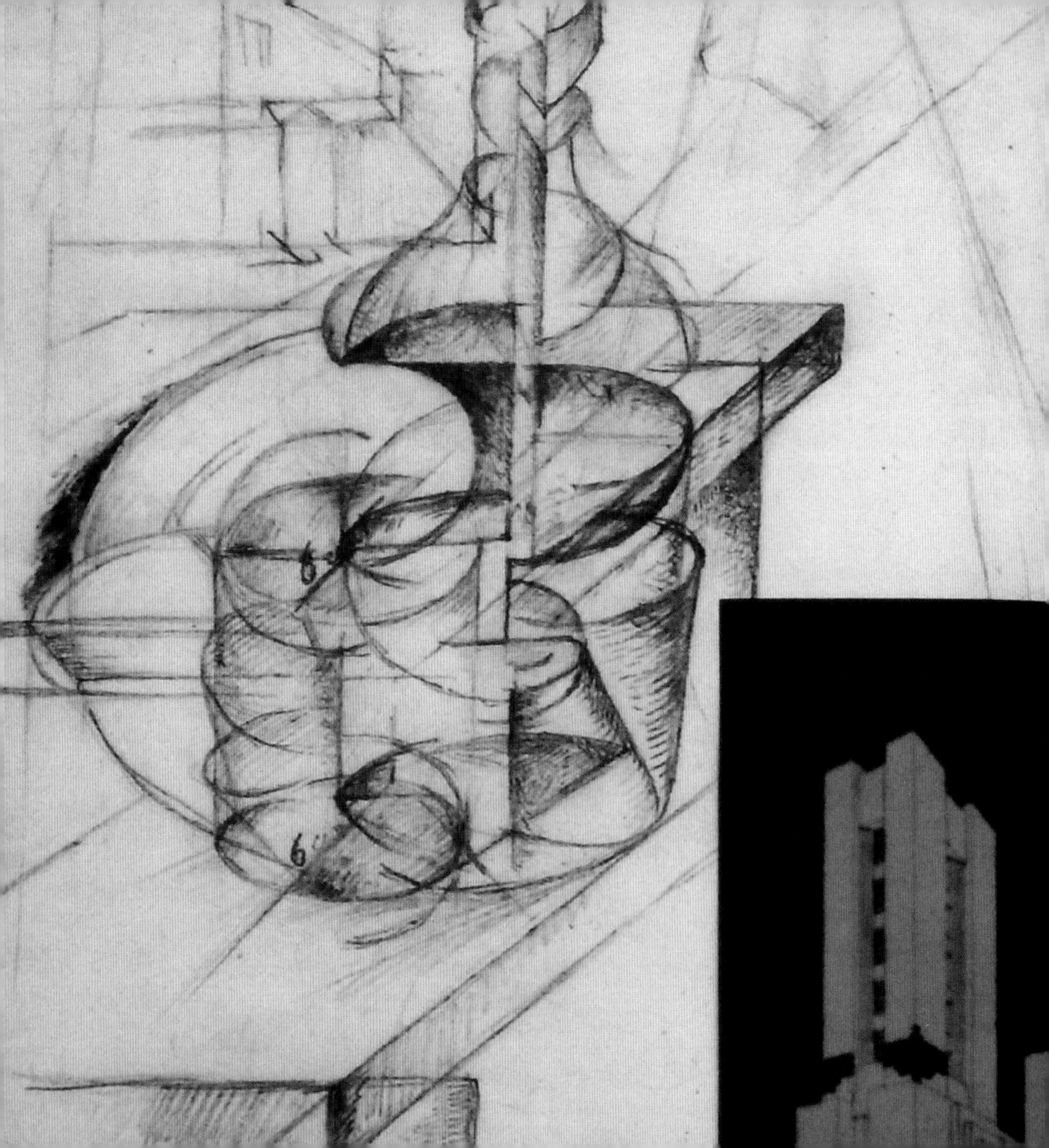

<<对我来说，调研过程或许是整个设计过程中最重要的部分。当你开始调研的时候，你可以尽情地拓展创意。>>

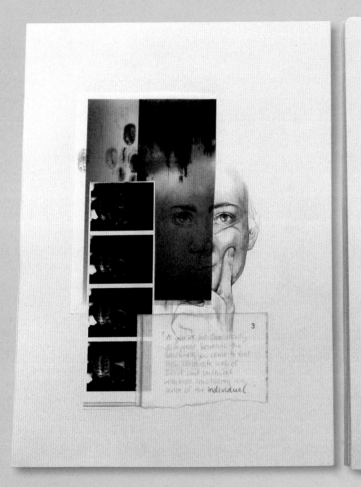

埃维莉娜·罗马诺 Evelina Romano 埃维莉娜喜欢通过极富表现力的调研风格来表达设计情感和主题。她从历史中探寻小的细节，这些小细节成为她服装作品中的主要特色。埃维莉娜以有条不紊的方式拓展她的创意。

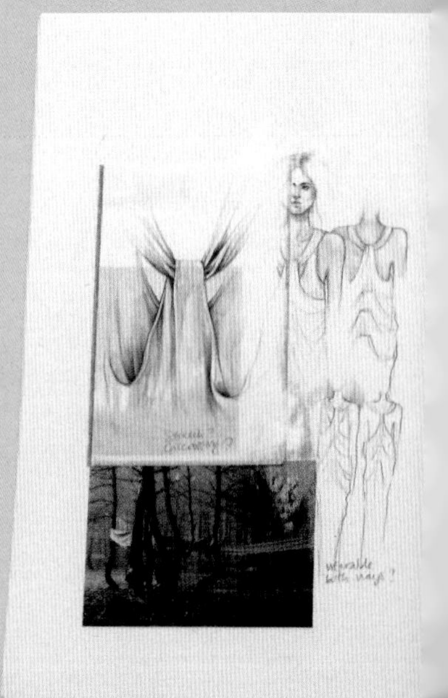

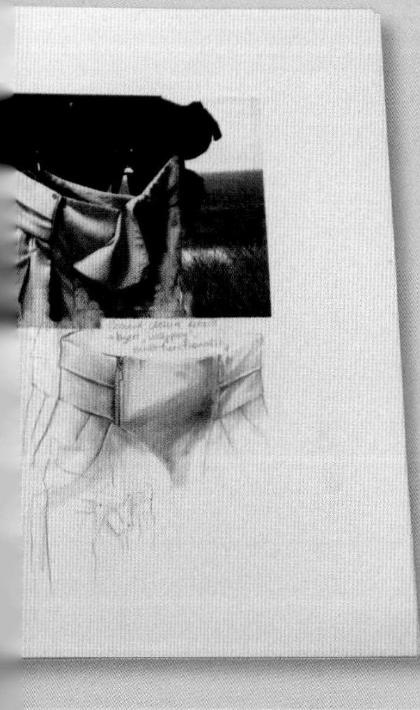
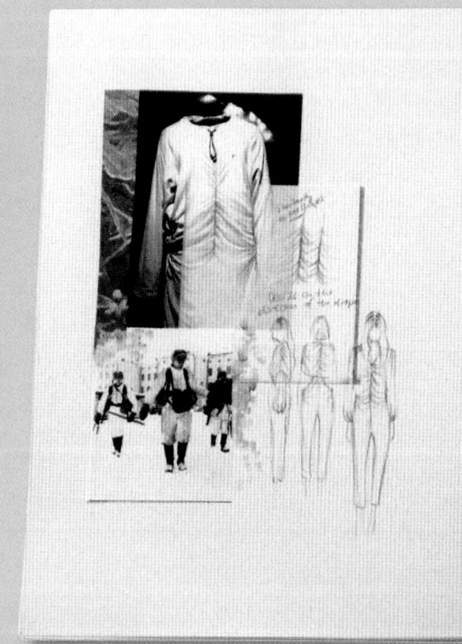
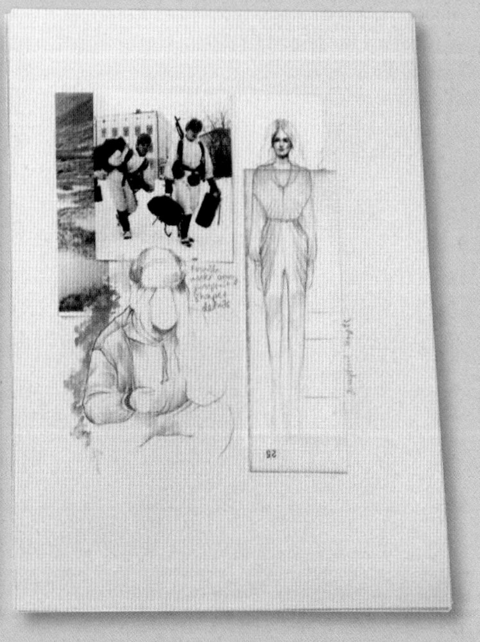

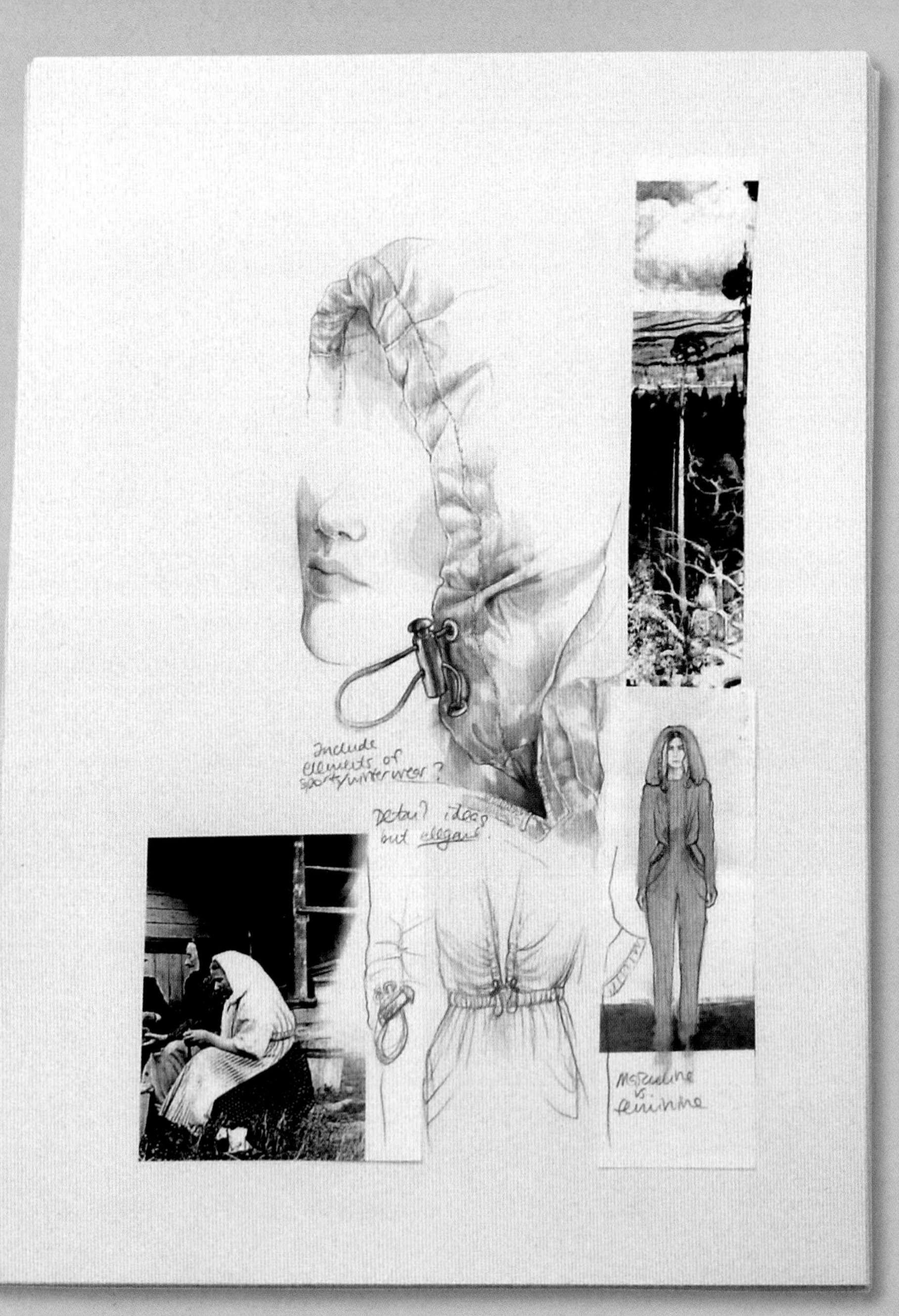

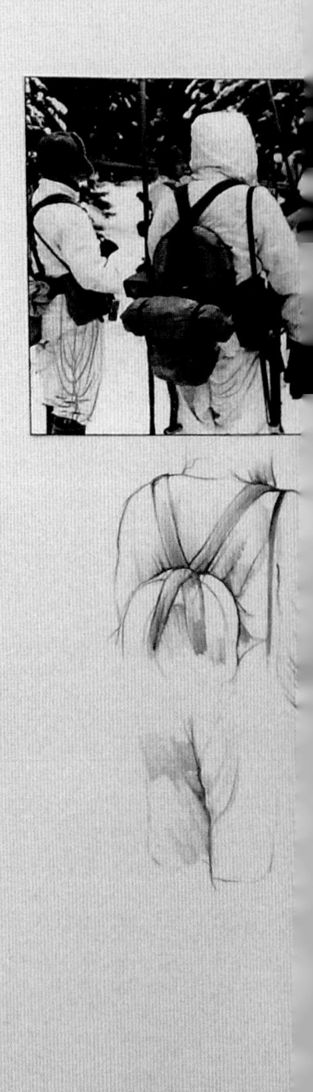

<<我不仅力求在设计中表现飘渺而忧郁的风格，调研氛围的呈现也力图表现这一风格。>>

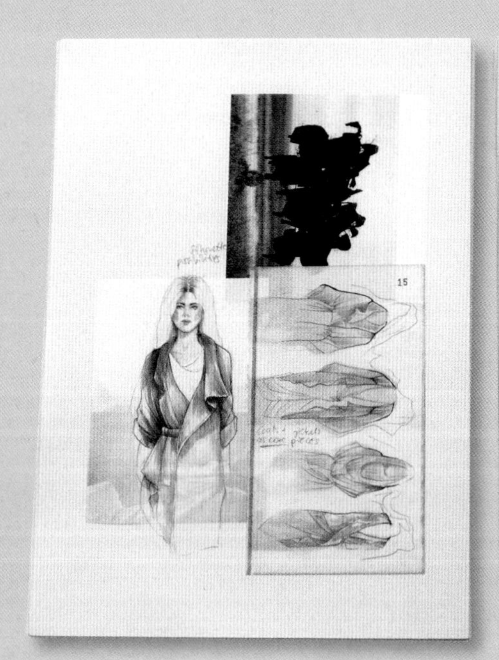

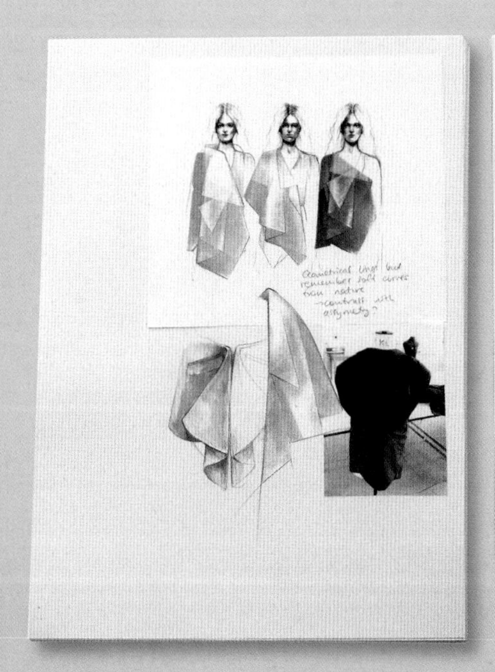

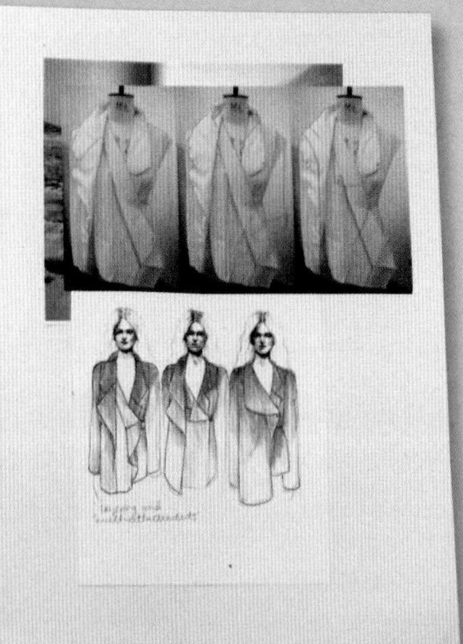

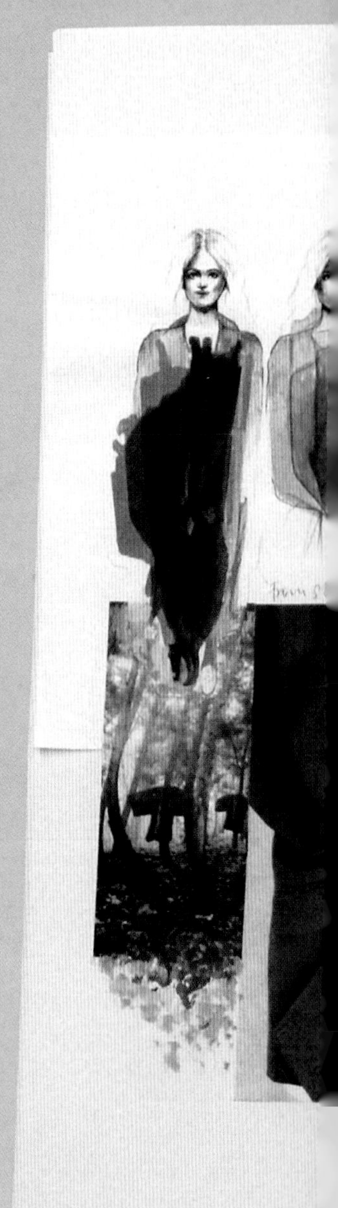

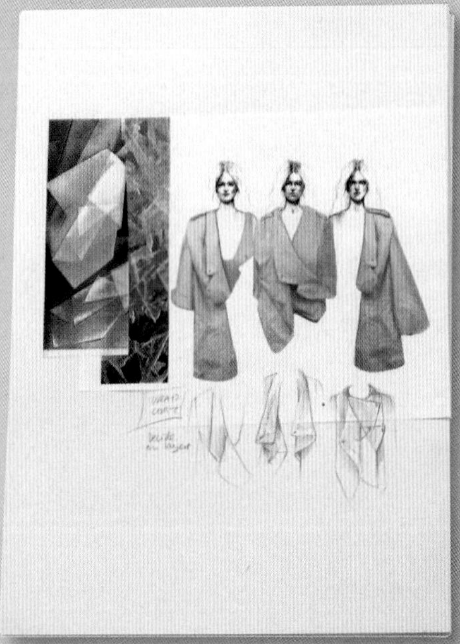

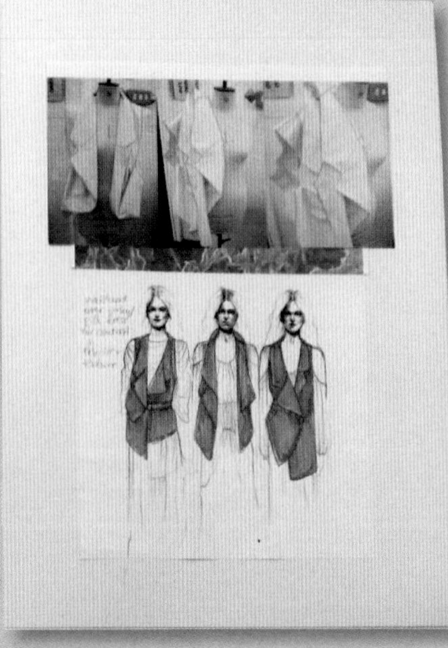

Unconventional placement of pockets, buttons, even sleeves?

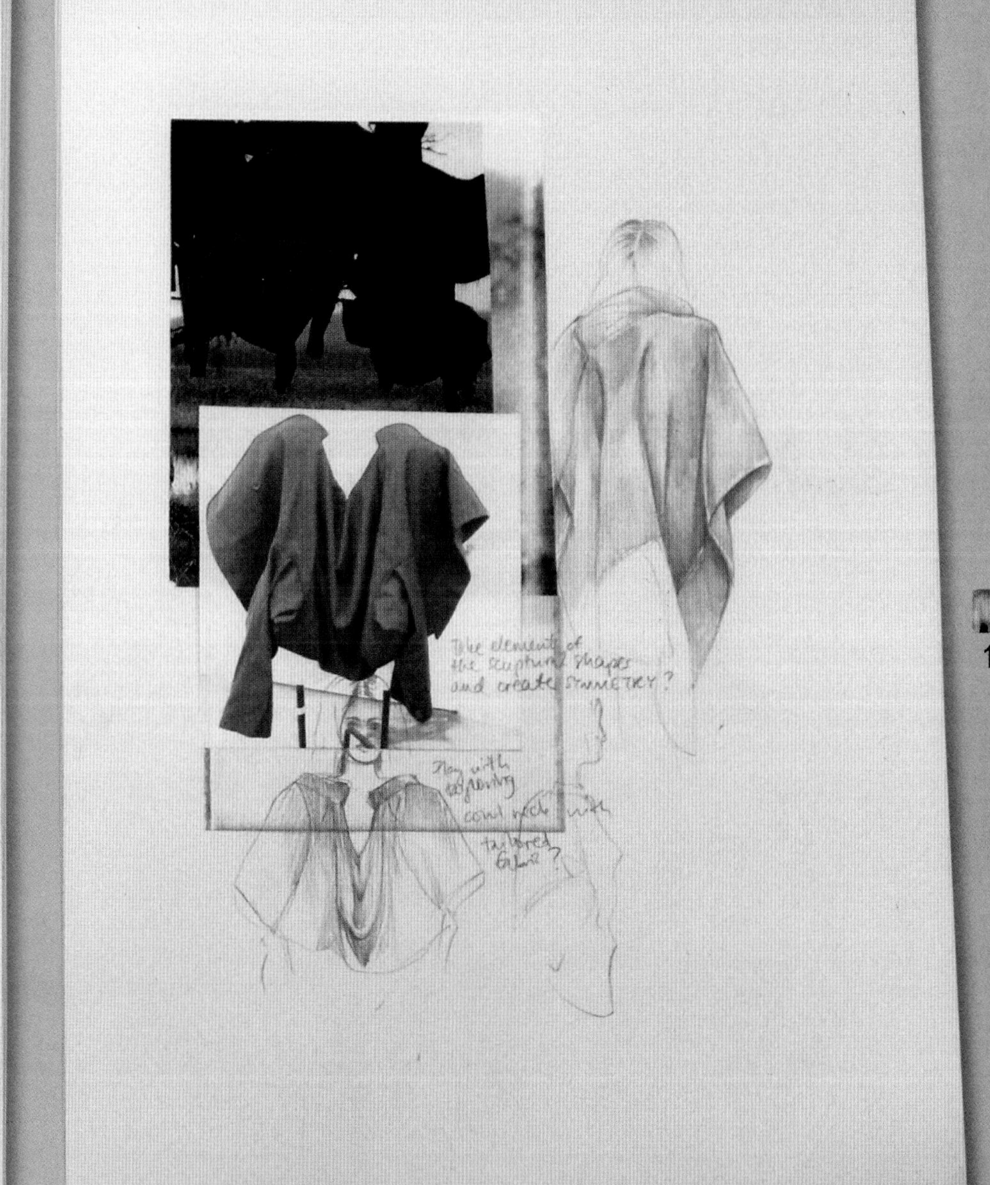

卡姆兰·萨瓦尔 Kamran Sarwar 卡姆兰的女装配饰的灵感取自部族元素和天然材料。他的调研从材料和传统工艺中汲取灵感，并应用到他的设计作品中。

<<调研过程始于寻找概念或思想之间最原始的关联性，我通过绘画和拍照片理解和探讨这样的关联。>>

Dende
Ear pendant
tortoise shell
Pearlshell
dogs teeth
black banana
seed
dog teeth
or
shell
neck plates

WARDA
Sorcerer of
Famous Figh
leader of village
skin of red ... attached
to nose, pig tails
... hair; bone
horn
House of the Ancestors
1 Abyi. 2 Ashanti. 3 Bafum. 4 Bambara. 5 Bamileke. 6 Bamum. 7 Bassari. 8 Baule. 9 Bena
11 Bini. 12 Bobo. 13 Bozo. 14 Dan. 15 Dinka. 16 Djerma. 17
20 Ewe. 21 Fang. 22 Fon. 23 Fula/Fulani/Fulbe/Bororo. 24 Guro. 25
28 Ibo. 29 Ijo. 30 Kabre. 31 Kotoko. 32 Kirdi/Musgum/
33 Kono. 34 Kpelle. 35 Kurumba. 36 Lega. 37 Lobi. 38 Luba.
41 Masa. 42 Masai. 43 Mende. 44 Mossi. 45 Ngere. 46
50 Pygmies. 51 Shilluk. 52 Senufo. 53 Somba/Tamberma
56 Tuareg. 57 Wolof. 58 Yoruba. 59 Zande. 60 Zulu. 61

H T O F
R D S
A circumcised boy on the threshold of warriorhood, wearing the headdress of the "month o
ds" and the earrings he wore at his circumcision. The women plait the cord for the initiates' headdresses, th
iates gut the birds, stuff the capes with grass and the men attach the birds to the cord by their bills. The
n fix two ostrich feathers on either side of the headdress which the boys wear for the month following circumcisi
of sheepskin blackened
with cow dung mixed with sheep fat

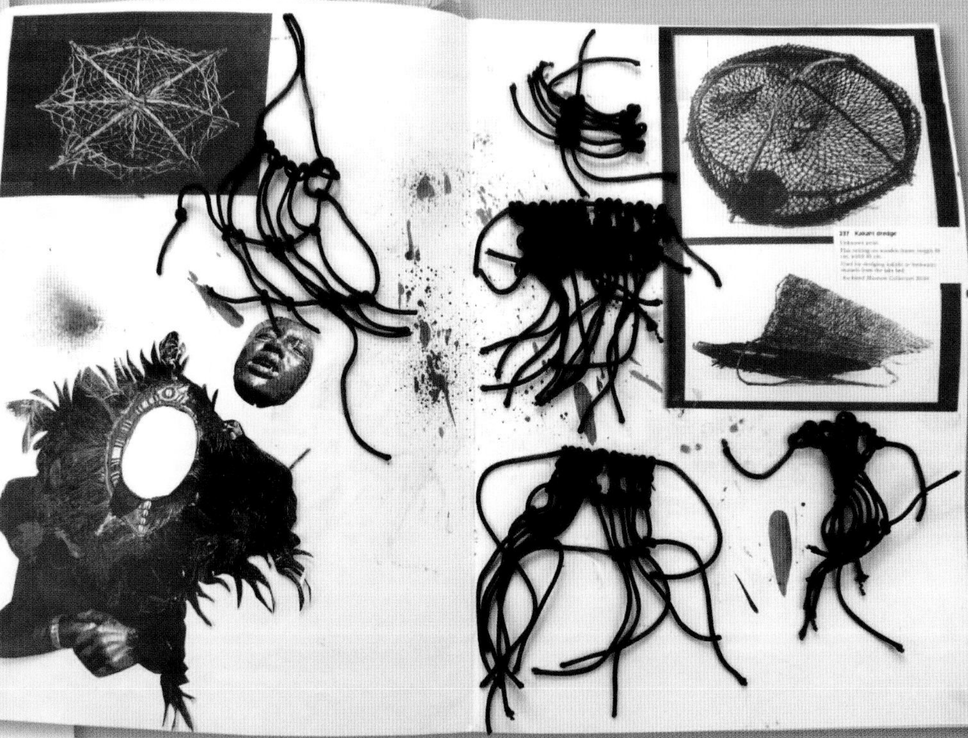

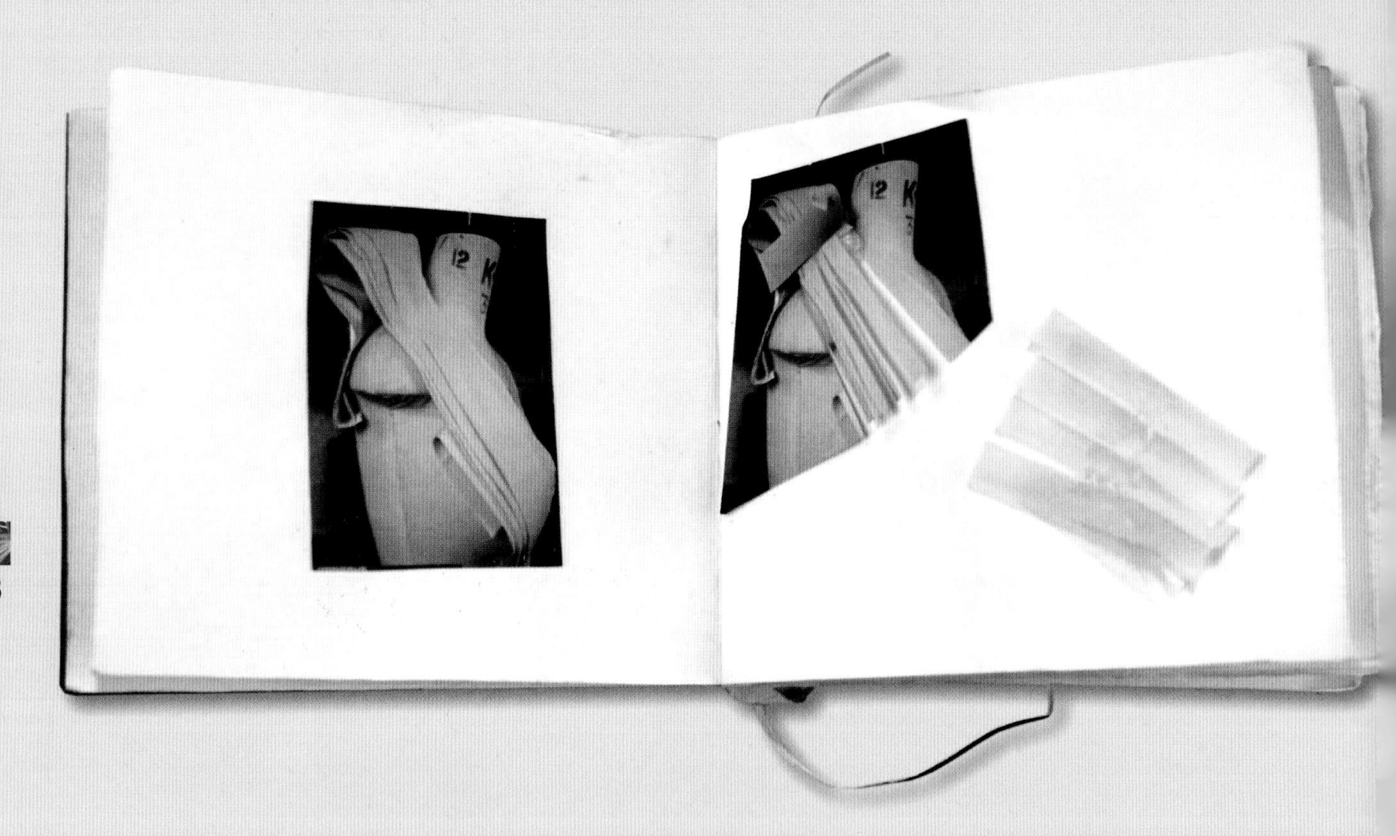

杰茜卡·夏普 Jessica Sharpe 杰茜卡有善于发现微小细节的眼睛，常在一些小东西中发现灵感。她在人台上操作之前，会试制一些创意，并拍成图片。

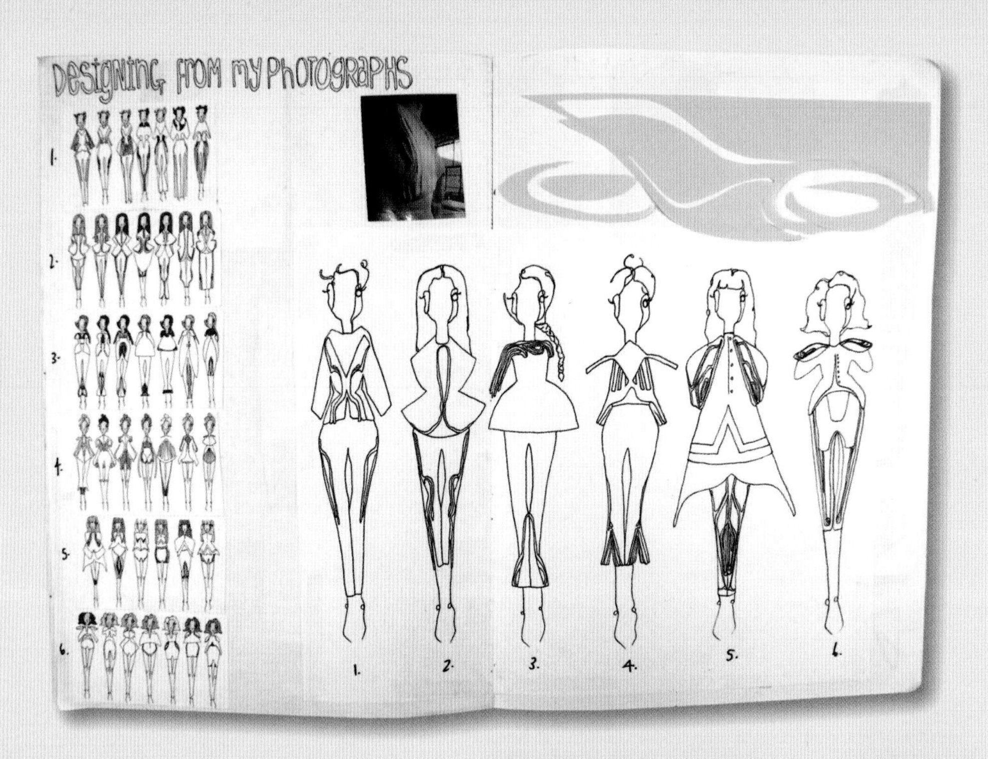
Designing from my Photographs
1.
2.
3.
4.
5.
6.
1.
2.
3.
4.
5.
6.

Scale - making bigger and smaller...
recreate in fabric...
BEND
SQUEEZE
MOVE
ROLL
BEND
MOVE
MOVE
FAN
SCRUNCH
ROLL

<<我的工作方式很具个人特色，对于不同的灵感源，我会有自己独特的表现方法，并通过多种媒介激发创意。>>

埃迪·西乌 Eddie Siu 埃迪把自然界中的线条作为他设计男装的起点。他也从西方部落中寻找款式风格的灵感。可穿性和实用性是他设计过程的重要部分。

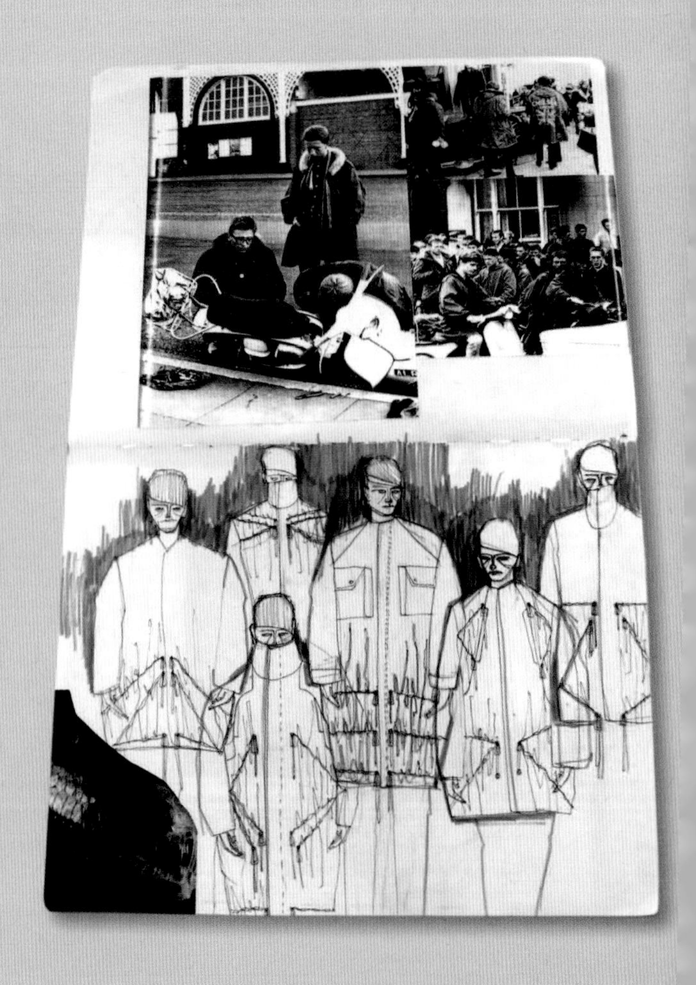

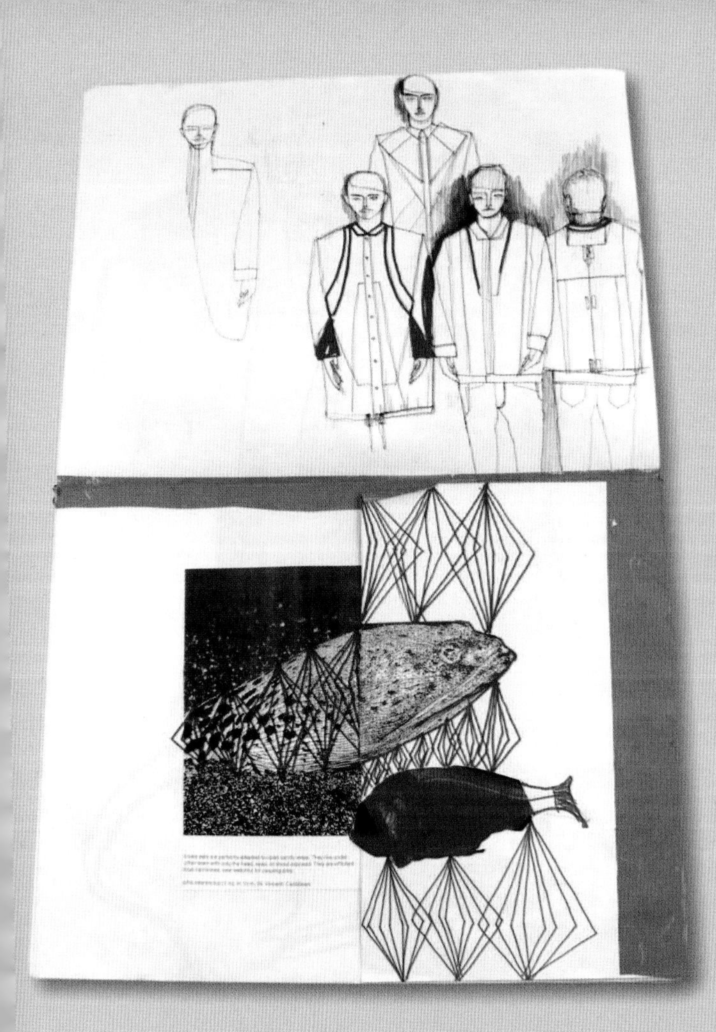

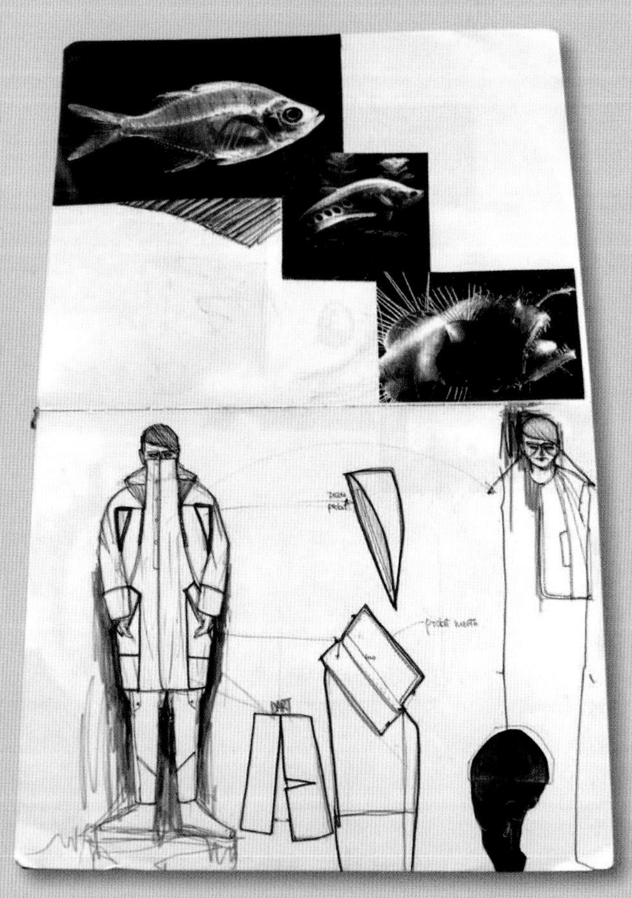
pocket width
DART

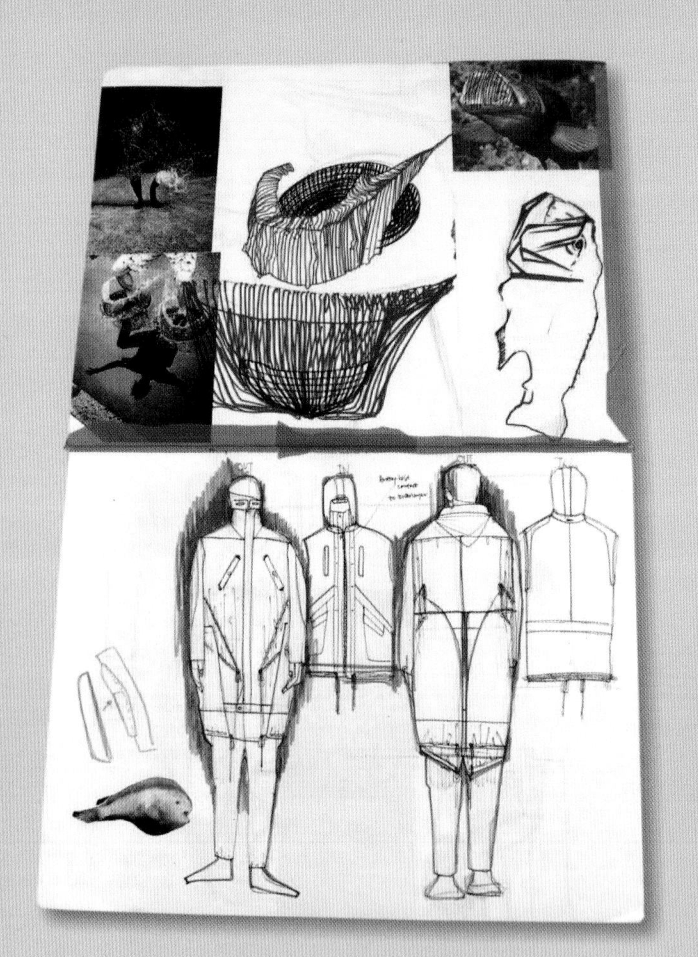

<<自然界中发现的简单线条能激发我的灵感，也会让我用一种新的方式看待事物。>>

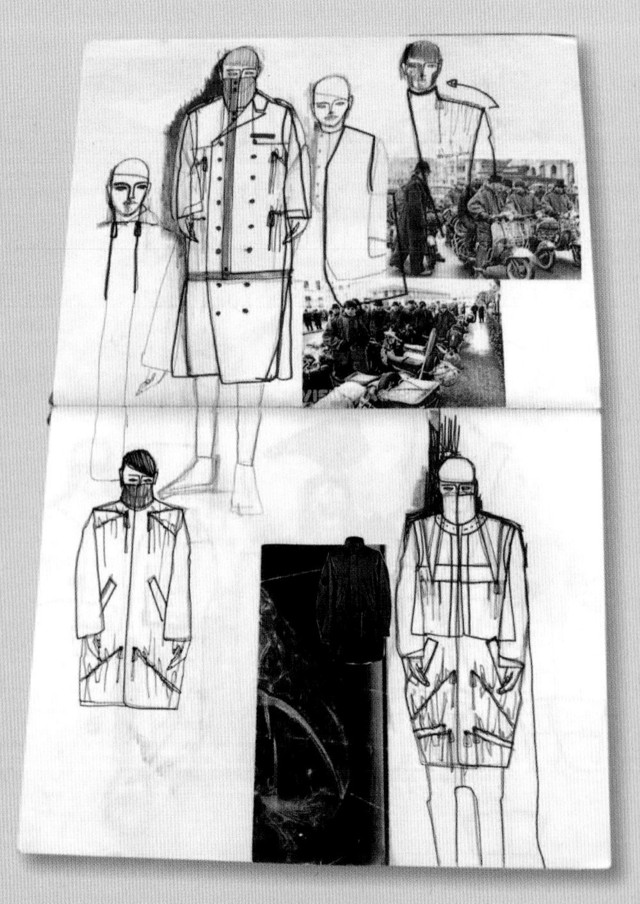

Inside the garment

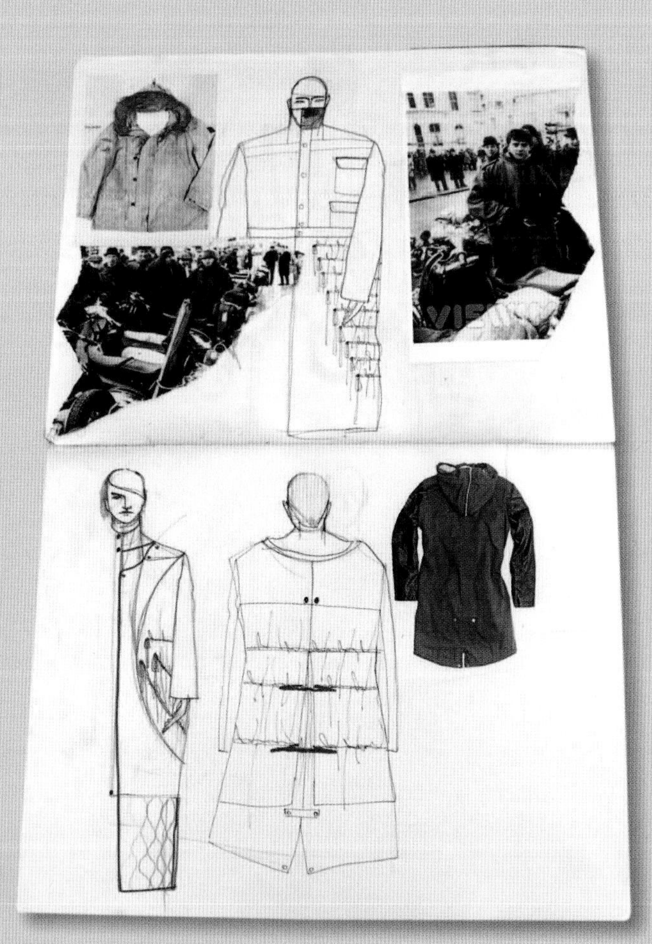

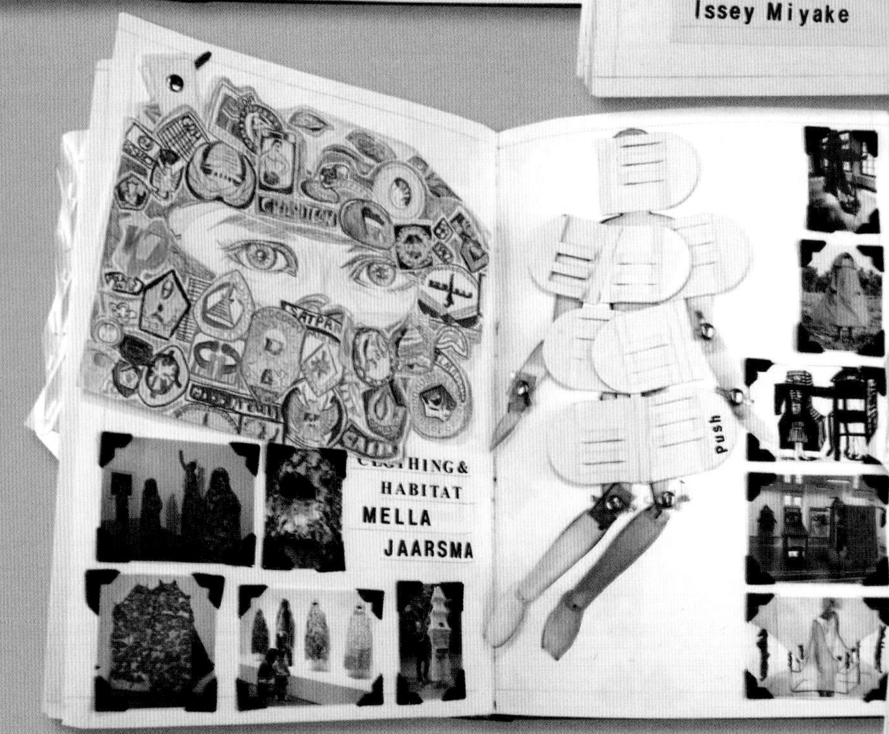

孙雯 Wen sun 孙雯的作品中贯穿了现代艺术、雕塑及层叠的主题。她在人台上展开设计调研。孙雯喜欢这样一种设计方式：让穿着者感觉自己是初始灵感的一部分。

SILHOUETTE
Anti Form
Robert
Morris

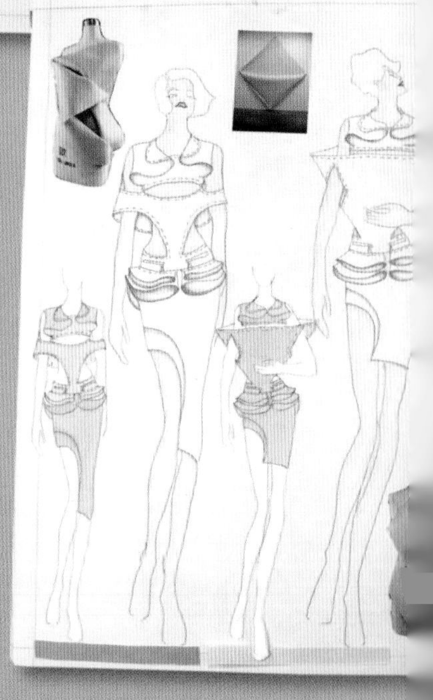

<<我有个习惯，收集所有能激发我设计灵感的图片，不管是否与我的研究主题有关。>>

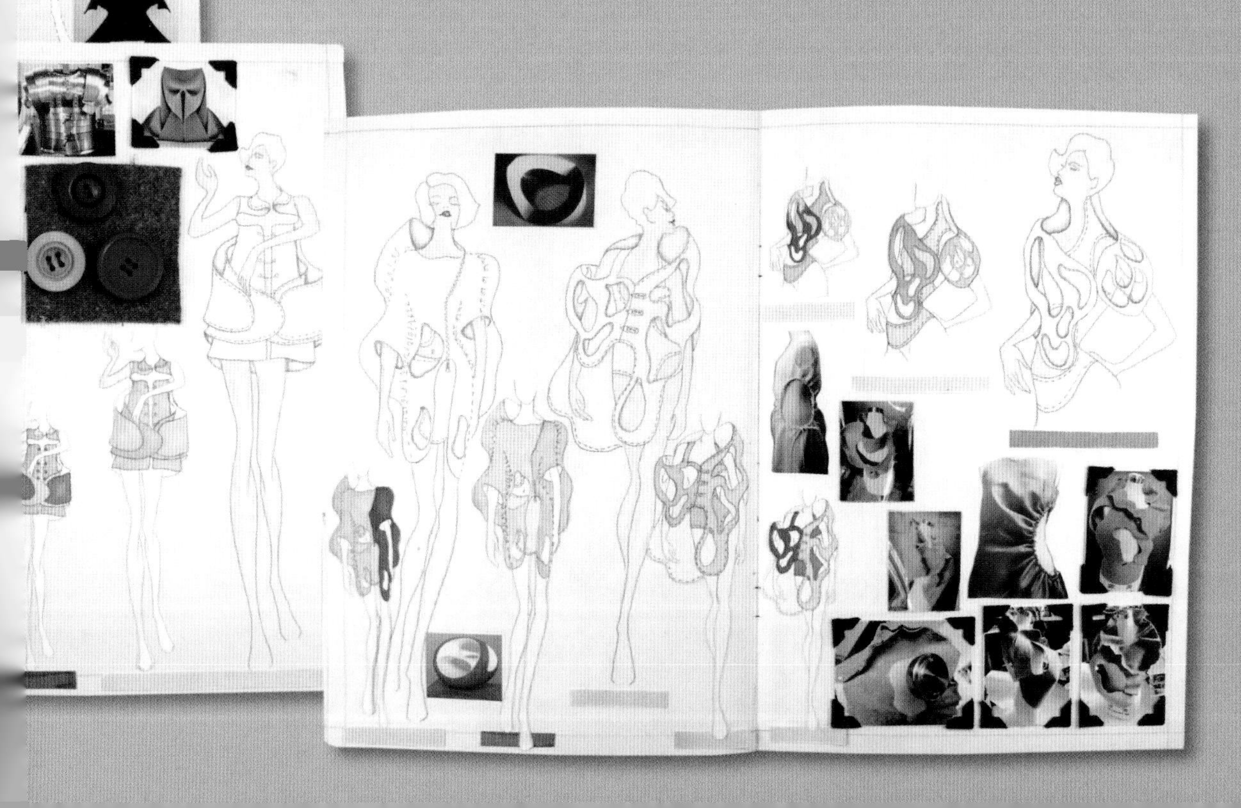

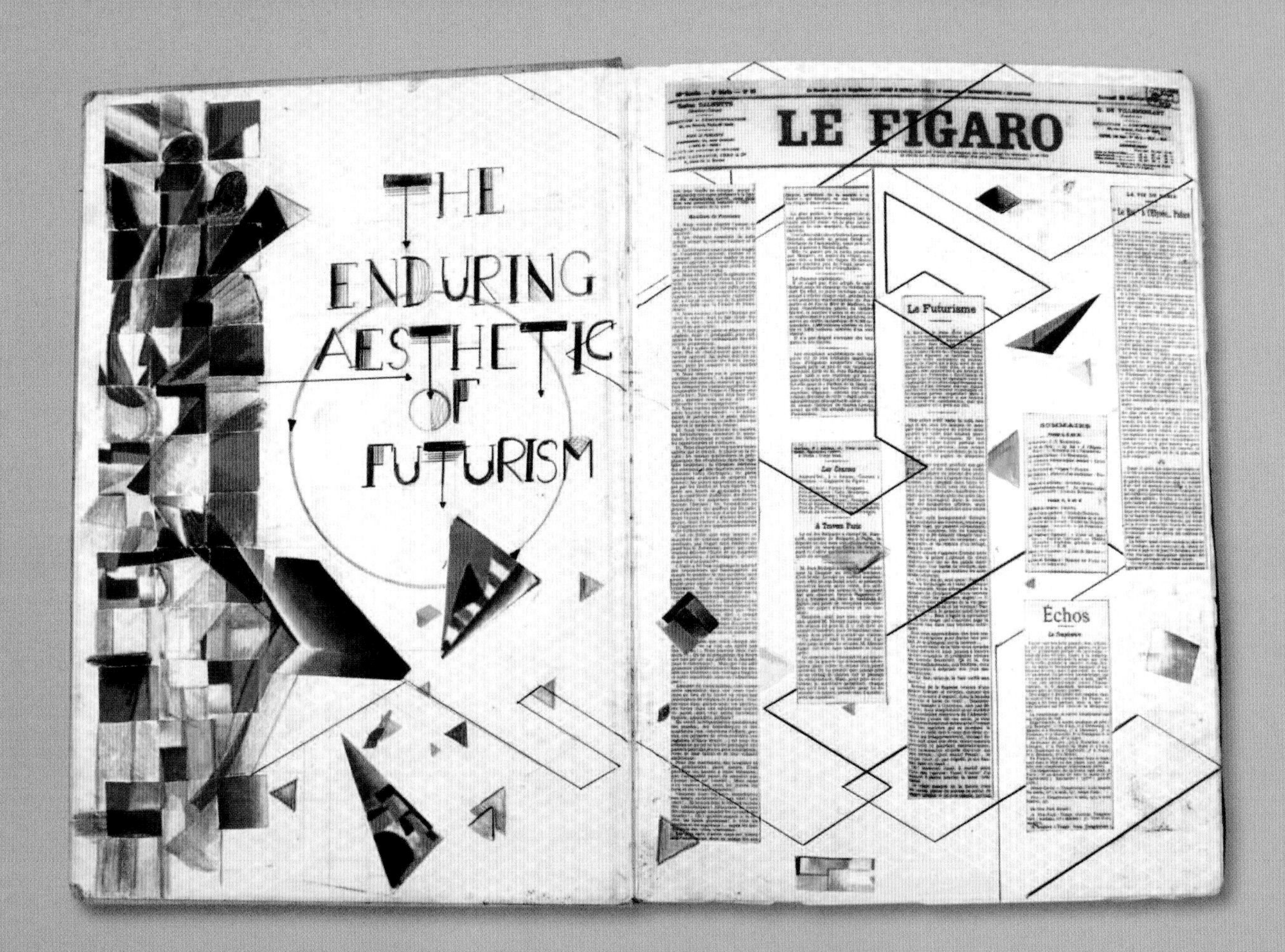

丹尼尔·坦纳 Daniel Tanner 丹尼尔喜欢挑战强有力的主题，将之转化成服装设计的灵感。其中包含许多时事、政治的参考资料，用以扩展他的研究领域，帮助他形成想法和创意。他的调研速写本充满了对对象的同情，之后他提取出视觉形象，作为其设计的“跳板”。

Science Museum
The Model T Ford
1908.
IRREDENTISMO
IRREDENTISM
Mazzini
PP7963
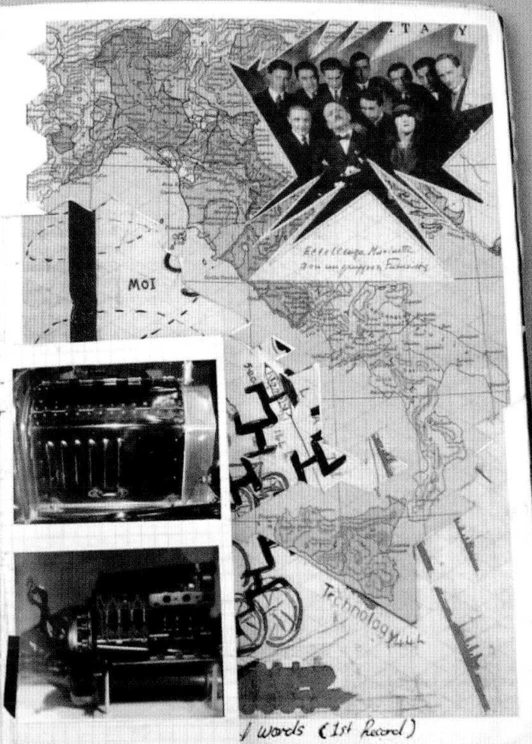
MOI
Technology
Words (1st Record)

F. T. MARINETTI FUTURISTA
ZANG
TUMB TUMB
ADRIANOPOLI OTTOBRE 1912
TUUUMB
PAROLE IN LIBERTÀ

META ANALYSIS
Of Umberto Boccioni's Unique Forms of Continuity in Space.
Inspiration: Irregular forms interacting, interfering with the figure.
(I)
(II)
Additive Colour
theory of light

1 2 3
1 2 3
1 2 3
BALLET
MECANIQUE
Le "BALLET MECANIQUE" a été composé par le peintre Fernand Léger en 1924. C'est le premier film sans scénario. Il a été présenté dans toutes les capitales d'Europe et plusieurs fois à New-York. Jusqu'ici on ne l'avait vu à Paris que dans des réunions privées
Le Futurisme
LE FIG
Charlot présente le Ballet Mécanique

MANIFESTO OF
FUTURIST ARCHITECTURE
METROPOLIS

VORTICISM
Lee Bul
PICTURES (continued)
1. ROBERTS.
2. SANDERS.
3. WADSWORTH.
4. WYNDHAM-LEWIS.
THE VORTICIST GROUP.
PICTURES
GREAT BRITAN

DRAWINGS.
1. ETCHELLS.
2. ATKINSON
3. BOMBERG.
4. WADSWORTH.

苏普里娅·图格拉 Supriya Thukral 苏普里娅的调研突破其最初的创意，并且囊括了各种相关的事物，以帮助她拓展她的想法。她很享受将调研内容转化为创意，制作成女性人体身上的服装的过程。

<<创意拓展使我有机会了解艺术、建筑、文学、音乐和科学。>>

苏珊娜·温 Susanna Wen

苏珊娜在调研过程中将她发现的事物画下来。她喜欢探究调研过程中的所有方面，喜欢探索未知的领域来挑战自己。苏珊娜用多种方式创造不同的页面，来表达她的创意、想法和历程。

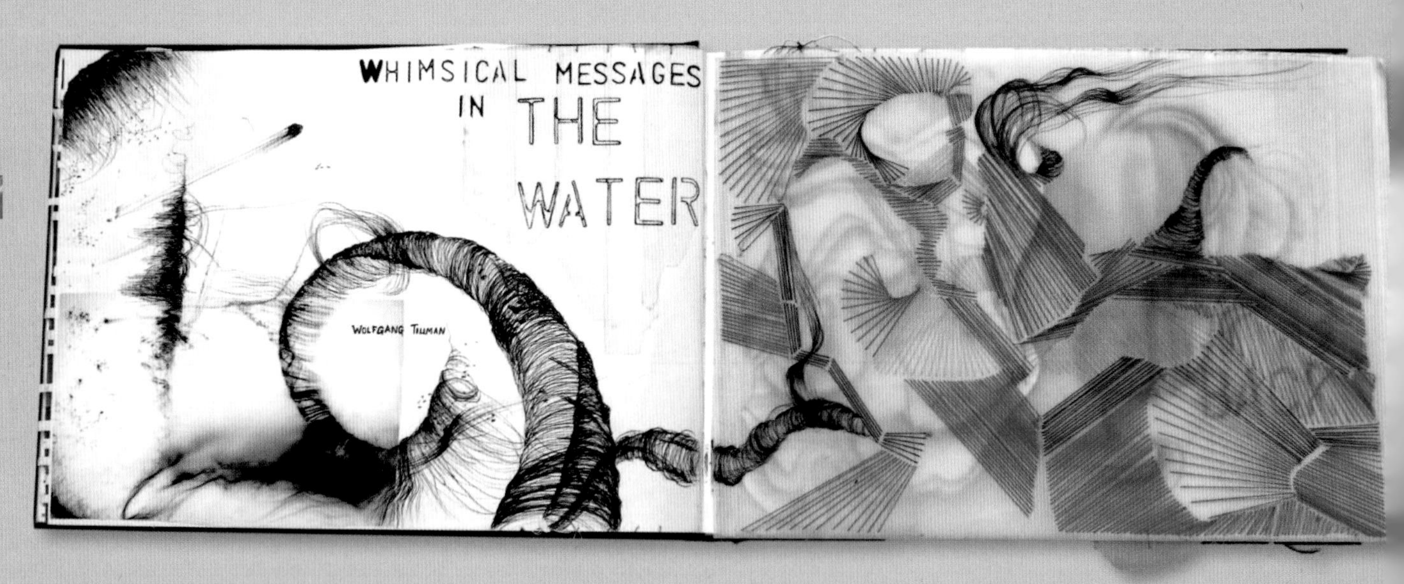

<<我发现灵感越隐秘和意外，就有越多的独创性想法从中产生。>>

SOUND
WAVES
LIGHT
WAVES

OF
ENVELOPE
EACH
OTHER

I TRY 2 GET IN 2 THE RHYTHM
START TRYING TO MAKE SOME PATHETIC LITTLE HUMAN MARKS
HAVE SOMETHING TO DO WITH THE MYSTERY
GREAT, GREAT THING IN FRONT OF US......

Sound Wave
Jean Shin

PRINCE PELAYO
BLOG
MEXICAN PATTERN
CHAV!
LAYERED DENIM.
KILT!
KATE LOVES
FLORAL ON A MAN!!
FROM SEX + THE CITY.
CIRCLES
WORKSHOP
CREATING FABULOUS SHAPES WITH

特蕾西·王 Ttracey Wong 她的作品灵感多取自于她记忆中的缪斯。她赋予缪斯以特性，使其看起来不仅仅是特蕾西想象中的形象。特蕾西不仅仅对剪裁和服装细节感兴趣，她也对穿着者的体验感兴趣。

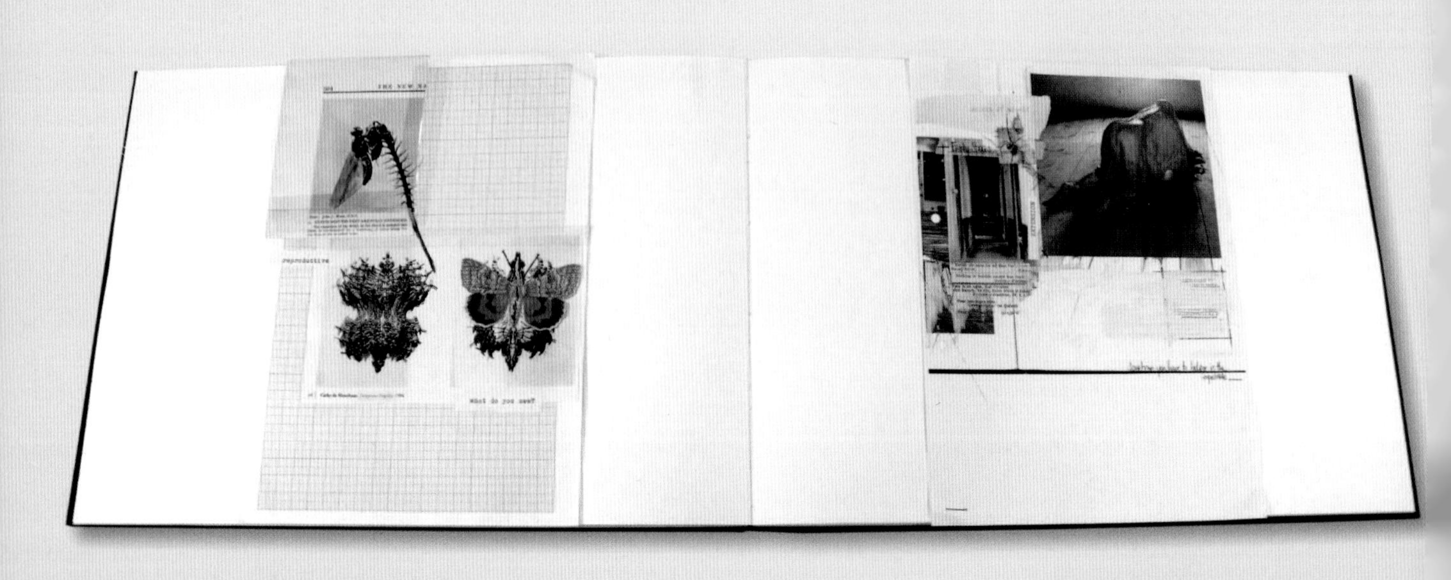

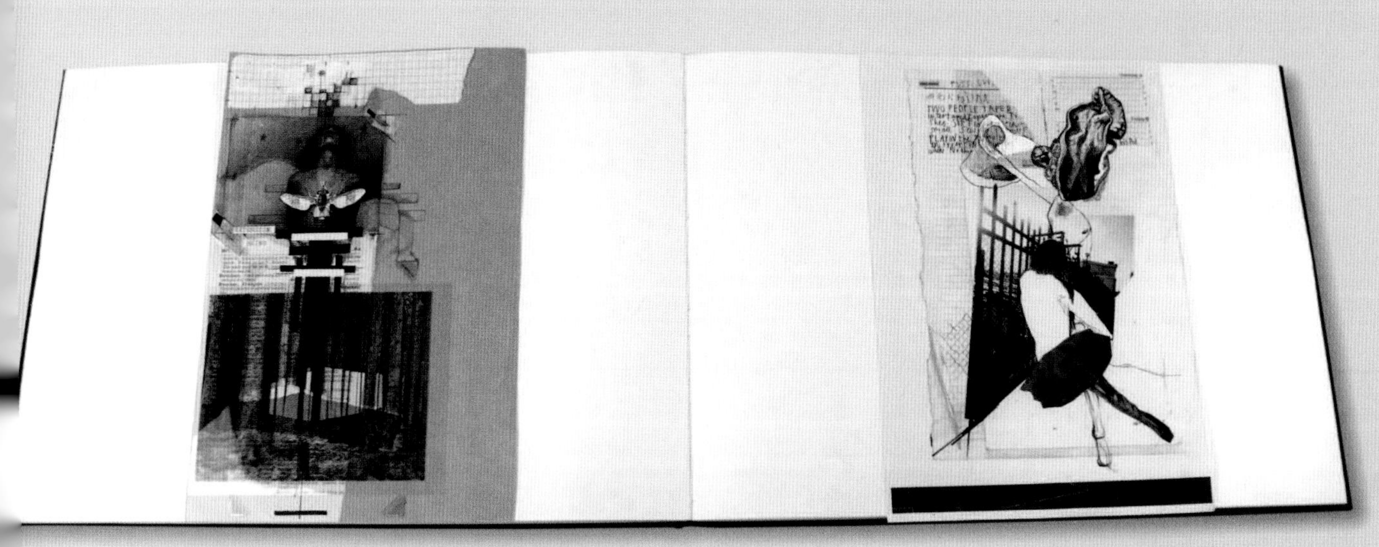

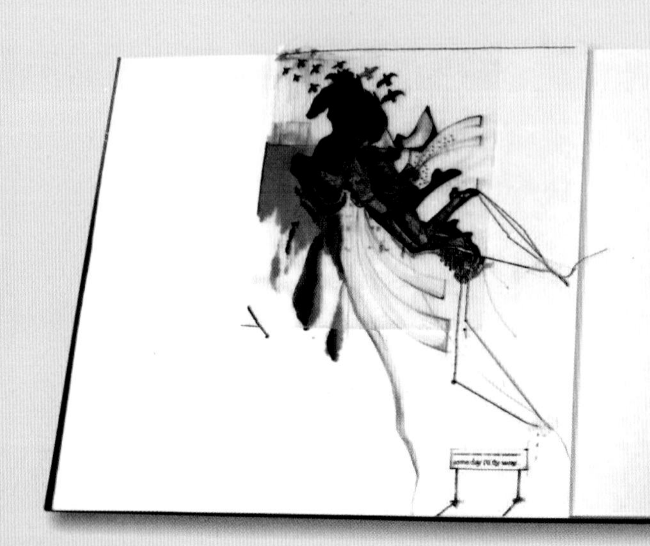

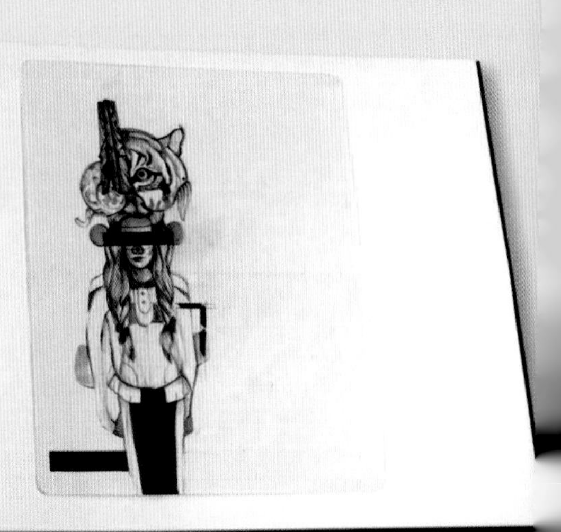

<<我将一些图片和画稿放在一起创造一些个性的东西，并吸引观者得出他们自己的结论。>>

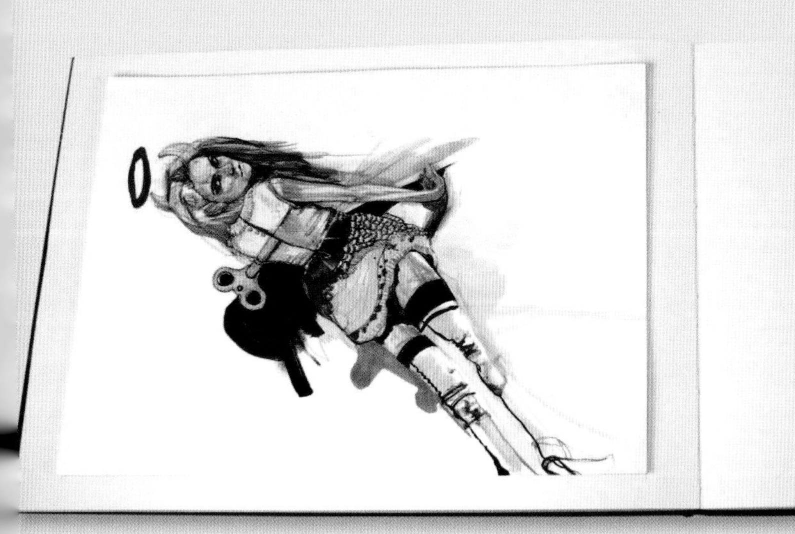

吴倩 Qian Wu

吴倩通过所有可能的方式展开对主题的调研。她将大胆的色彩和非传统的手法相结合，设计出有趣而不同寻常的作品。她发现，在调研内容对设计产生影响之前，调研的自由性让她有足够的空间进行探索。

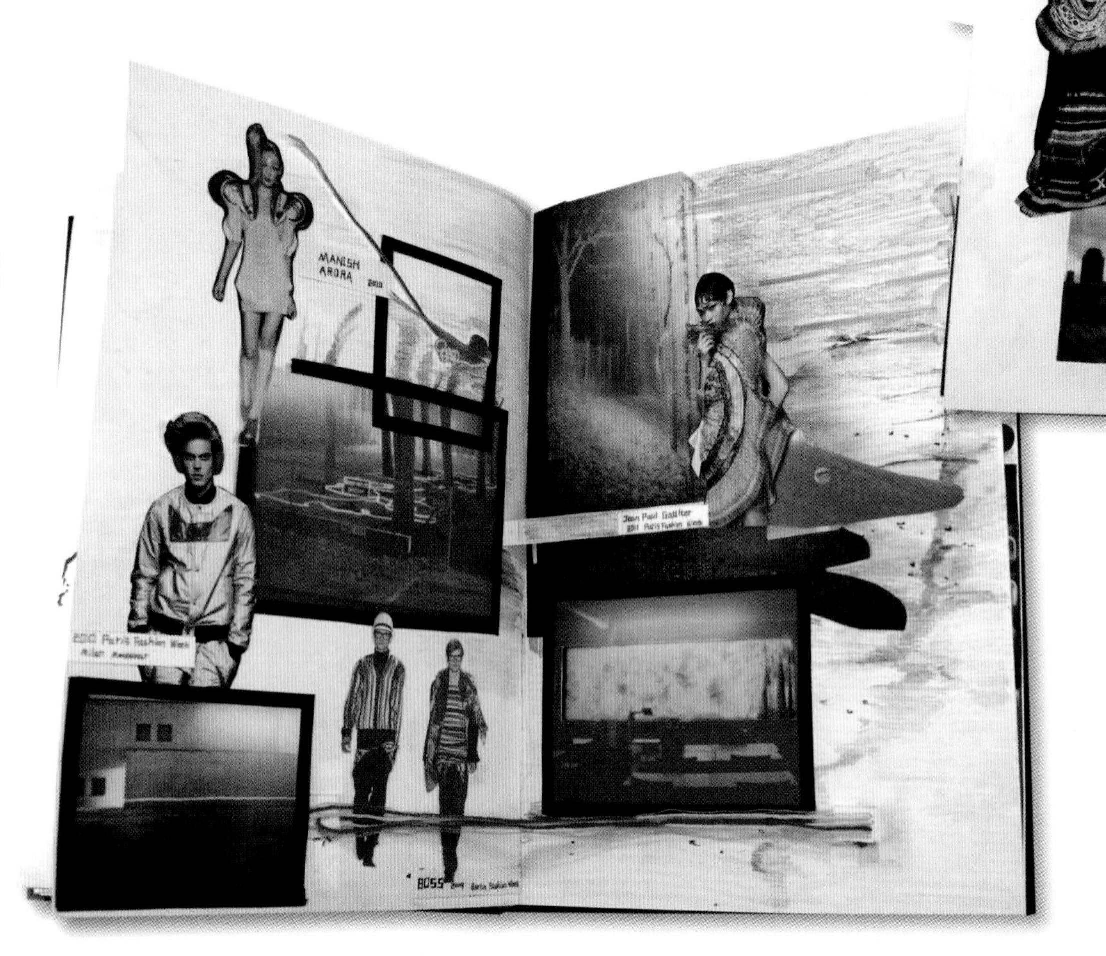

<<富有挑战性的主题促使我行动。我喜欢找寻灵感的过程。>>

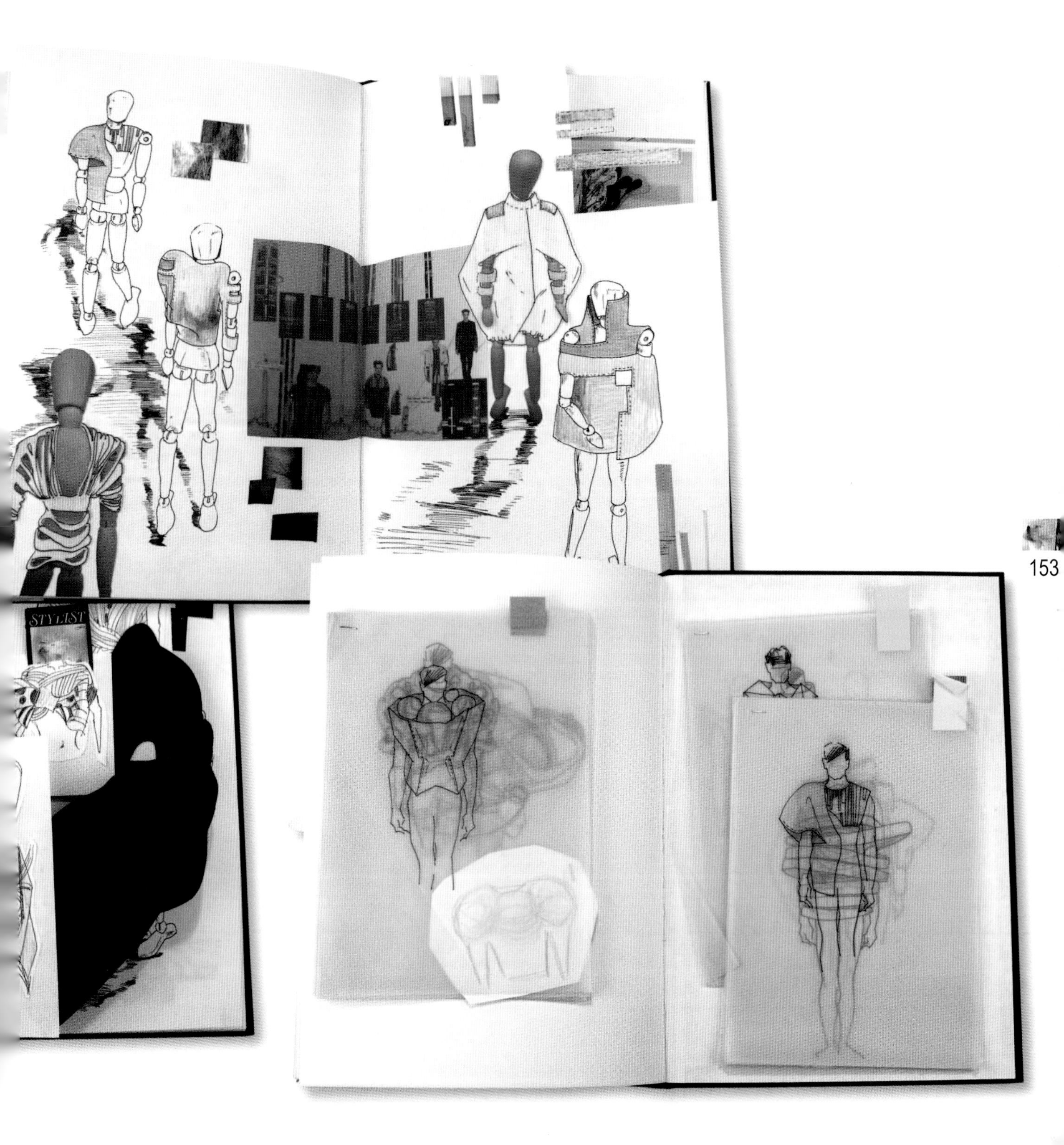
STYLIST

杨贵东 Guidong Yang 将各种图片和概念放在一起，并重新演绎，化腐朽为神奇，杨贵东在调研过程中运用了日常的东西，交错，并且随性绘制。为了达到理想效果，将生动的色彩贯穿始终，在层叠和绘画中拓展创意。

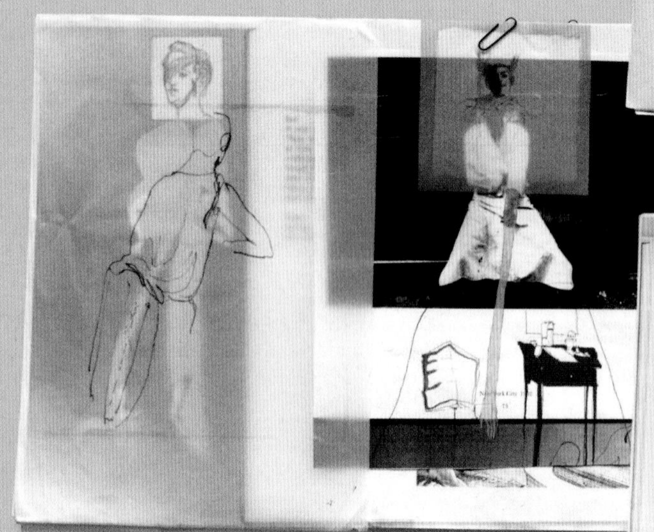

stations at Luxembourg and Port Royal. She said she wanted me to retrace all her itineraries, from Montparnasse and Saint-Michel all the way to the streets around her school— boulevard Saint-Germain, place Saint-Michel, rue de l'Eperon – listing all the little streets with obvious delight.

Saturday night at the Bijou.
Harry tried his first love, the theater, but the current cultural thing was Heat and Light. Purged of actors and stages everyone did his own thing in this Canned Theater.
"You'd get the same sensations if you moved a dry cleaning plant into a Sauna," . . sneered Harry.

<<我从我每天的生活中汲取灵感，利用绘画捕捉和收集我看到的感兴趣的元素。>>

结语

创造性和创意从最初的想法中显露。创意速写本里表达的想法可以不受任何约束。

没有创造性，我们将毫无原创性，只能简单重复已有的。

编著此书的过程中，有一件事持续不断地给我惊喜并使我愉悦，那就是每个调研速写本所表现出来的个性特征。个性和创造性的表达是可以在调研速写本的页面里捕捉到的。

在网络时代，博客、网页和社交网络盛行，但调研速写本里表现出来的创造性和特质是永远无法在线复制的。我对未来的期待是学生们依旧可以用这种方式进行创意。希望他们能继续绘画、缝制并用他们自己的双手去创造和把控，去发现、质疑、反复质疑并拓展新的创意。

不管你是新手或者是专家，能有一些东西来提醒我们当初对服装设计如此着迷的初衷，这种感觉很好。调研中的个性源自个人反应并发现自己的心声。也许需要经历好几个速写本之后，你才能发现它们，但同时，要享受这个有趣的过程。

博客与网站

www.japanesestreets.com
Japanese street fashion pictures

ww.refinery29.com/everywhere
Fashion/shopping/lifestyle based in New York

www.elle.com
Fashion magazine website

www.magmabooks.com
London based book shop

www.jeanettesshop.blogspot.com
Emerging fashion designers in London

www.doverstreetmarket.com
Designer label mens and womens clothes and accessories inLondon

www.darkroomlondon.com
Exclusive fashion accessories and interiors in London

www.beyondthevalley.com
Clothes shop for emerging designers in West End London

www.bstorelondon.com
Clothes/lifestyle store in London

www.anniesvintageclothing.co.uk
In Camden, London

www.alfiesantiques.com
Antiques market in London

www.dazeddigital.com
Fashion/arts website

www.vogue.co.uk
Fashion website

www.thecoolhunter.net
General fashion and life style bible

showstudio.com
Fashion/arts website/blog

fashionista.com
Fashion website

www.treehugger.com
Sustainable art/fashion/lifestyle

www.myfashionlife.com
Fashion website/news/fashion updates

www.style.com
Catwalk news/updates/shows

www.takashimaya.co.jp
Fashion department store in Japan, stocking designer labels from around the world.

www.designersnexus.com
Online resource for aspiring fashion designers

www.mifashionblog.com
Fashion blog

www.lookatme.ru
Russian website

www.businessoffashion.com
Canadian business mans fashion blog/site

thesartorialist.blogspot.com
Fashion blog-pictures of people on the street

stylebubble.typepad.com
British blogger

www.myfashionlife.com
British website/blog

www.threadbanger.com
DIY fashion website

theimagist.com
Styling website

thefashionisto.com
Men's modelling site

www.omiru.com
Fashion website

www.sassybella.com
Fashion website

www.fashionsquad.com
Fashion blog

fashioncopious.typepad.com
Fashion blog

kingdomofstyle.typepad.co.uk/my_weblog
Fashion blog

www.geometricsleep.com
Fashion blog

www.theclotheswhisperer.co.uk
Fashion blog

www.fashiontrendsetter.com
Fashion trends website

www.peclersparis.com
Fashion trend website

泛读

Faerm, Steven. Fashion Design Course: Principles, Practice and Techniques:
The Ultimate Guide for Aspiring Fashion Designers. Thames & Hudson, 2010.

Greenlees, Kay. Creating Sketchbooks for Embroiderers and Textile Artists:
Exploring the Embroiderers' Sketchbook. Batsford Ltd., 2005.

Gaimster, Julia. Visual Research Methods in Fashion. Berg Publishers, 2011.

Perrella, Lynne. Artists' Journal and Sketchbooks:
Exploring and Creating Personal Pages. Rockport Publishers, 2007.

O'Donnell, Timothy. Sketchbook:
Conceptual Drawings From The Worlds Most Influential Designers and Creatives. Rockport Publishers, 2009.

Grandon, Adrian and Fitzgerald, Tracey. 200 Projects to Get You into Fashion Design. A&C Black Publishers, 2009.

Rothman, Julia. Drawn In:
A Peek into the Inspiring Sketchbooks of 45 Fine Artists, Illustrators, Graphic Designers, and Cartoonists. Quarry Books, 2011.

Seivewright, Simon. Basics Fashion Design:
Research and Design. AVA Publishing, 2007.

Udale, Jenny. Basics Fashion Design 02:
Textiles and Fashion. AVA Publishing, 2008.

Chakrabarti, Nina. My Wonderful World of Fashion:
A Book for Drawing, Creating and Dreaming. Laurence King, 2009.

Duburg, Annette and van der Tol, Rixt. Draping:
art and craftsmanship in fashion design. De Jong Honde, 2008.

Vinken, Barbara and Hewson, Mark. Fashion Zeitgeist:
Trends and Cycles in the Fashion System. Berg Publishers, 2004.

Burke, Sandra. Fashion Entrepreneur:
Starting Your Own Fashion Business. Burke Publishing, 2008.

Ireland, Patrick John. Fashion Design Drawing and Presentation. Batsford Ltd., 1982.

Nunnelly, Carol A. Fashion Illustration School:
A Complete Handbook for Aspiring Designers and Illustrators. Thames & Hudson, 2009.

Morris, Bethan. Fashion Illustrator (Portfolio). Laurence King, 2010.

Wesen Bryant, Michelle. Fashion Drawing:
Illustration Techniques for Fashion Designers. Laurence King 2011.

Schuman, Scott. The Sartorialist. Penguin, 2009.